中国主要城市环境
全要素生产率研究

STUDY ON THE ENVIRONMENTAL TOTAL FACTOR
PRODUCTIVITY IN MAIN CITIES OF CHINA

张建升　著

西南财经大学出版社

中国·成都

图书在版编目(CIP)数据

中国主要城市环境全要素生产率研究/ 张建升著. —成都：西南财经大学出版社,2018.2

ISBN 978 - 7 - 5504 - 3404 - 2

Ⅰ.①中…　Ⅱ.①张…　Ⅲ.①城市环境—关系—城市经济—经济发展—研究—中国　Ⅳ.①X21②F299.21

中国版本图书馆 CIP 数据核字(2018)第 046175 号

中国主要城市环境全要素生产率研究

Zhongguo Zhuyao Chengshi Huanjing Quanyaosu Shengchanlü Yanjiu

张建升　著

责任编辑:王正好
助理编辑:廖庆
封面设计:正唐设计
责任印制:朱曼丽

出版发行	西南财经大学出版社(四川省成都市光华村街55号)
网　址	http://www.bookcj.com
电子邮件	bookcj@ foxmail.com
邮政编码	610074
电　话	028 - 87353785　87352368
照　排	四川胜翔数码印务设计有限公司
印　刷	四川五洲彩印有限责任公司
成品尺寸	170mm × 240mm
印　张	12
字　数	223 千字
版　次	2018 年 2 月第 1 版
印　次	2018 年 2 月第 1 次印刷
书　号	ISBN 978 - 7 - 5504 - 3404 - 2
定　价	78.00 元

前　言

　　改革开放以来，我国经济进入了高速发展的快车道，但长期以来，中国的经济增长呈现出粗放型增长方式的特点，主要表现为增长由大量资本、能源、原材料以及劳动力投入推动，而技术进步或全要素生产率（TFP）增长对经济增长的贡献比较低。因此，全要素生产率近年来成为我国学者研究的热点之一。以往研究忽略了环境因素对经济增长效率的影响，而忽略环境因素计算出的经济增长效率不能正确衡量相关经济体的可持续发展水平，这种传统的 TFP 测度仅仅考虑市场性"好"产出的生产，并没有考虑生产过程中产生的非市场性"坏"产出。因此，后来关于我国经济增长效率的测算，逐渐将环境效应纳入 TFP 测算框架。

　　在当前我国城市化进程、工业化进程加速推进的背景下，城市已经成为工业、服务业集聚的中心，已经成为区域经济增长的核心动力区，城市生产率的变化走势必然会对区域乃至全国生产率变化产生极为重要的影响。国内一些学者也从不同的角度来研究中国城市经济效率的问题，虽然已有文献较为丰富，但是，对城市经济增长效率的研究还处于初步阶段，以往研究较少将环境效应纳入城市全要素生产率测算中。正确评价我国城市经济发展绩效就必须在传统生产率研究基础上考虑环境因素的影响，这也是我国城市经济和城市化进程可持续发展的应有之意。故，本书研究将环境因素纳入城市全要素生产率的分析框架，测度综合考虑 GDP 增长和污染排放减少情形下中国城市 TFP 增长，从而合理评价环境约束条件下我国 285 个地级市的经济发展绩效。本书研究成果对于认清中国城市经济增长中的环境代价、正确评估中国城市经济增长状况、实现我国城市化进程健康持续发展具有重要的理论和实践意义。

　　本书研究的目的是在前期学者研究的基础上运用最新发展的数据包络分析法（DEA），对节能减排约束下中国地级城市经济的全要素生产率进行研究，从而对城市经济增长的可持续性、经济发展方式转变的动力给予进一步的解答。主要的研究内容如下：

（1）对不考虑环境因素的城市全要素生产率进行研究。本部分选择了劳动力和资本两个投入要素，以各城市的实际国内生产总值作为产出变量。对我国 285 个地级市 2006—2014 年的全要素生产率进行了测算并进行了比较分析。

（2）考虑环境因素的城市全要素生产率研究。本部分是研究的重点内容之一，采用最新发展起来的 Malmquist-Luenberger 生产率指数法，分别基于三个层面，即从省级层面、城市层面、流域层面对我国 30 个省份、285 个地级市、长江流域沿线 24 个城市环境约束下的全要素生产率进行了测算，并与不考虑环境因素的测算结果进行了对比分析，最后对两种情形下各地区的全要素生产率分布动态进行了分析。

（3）对环境约束下我国城市全要素生产率的影响因素进行研究。本部分选择了人力资本、基础设施、外商直接投资、产业结构、财政支出比重、技术投入、经济密度、环境规制水平等因素，采用城市面板数据进行回归分析，同时，为便于比较，将城市根据所属地域划分为东部、中部、西部三大区域，并对不同区域城市全要素生产率的影响因素进行了对比分析。

（4）对主要地级市进行分类研究，分析不同类型城市环境全要素生产率的主要影响因素及其发展模式。本部分从城市规模、经济水平、产业结构、环境规制水平、经济密度五个方面对地级市进行聚类分析，将所有城市划分为 8 个类别。然后采用累积的环境全要素生产率作为因变量，人力资本、基础设施、外商直接投资、产业结构、财政支出比重、技术投入、经济密度、环境规制水平等 8 个变量作为自变量进行面板数据回归分析。最后根据各类型城市的特点和环境全要素生产率的影响因素，简要分析了各类型城市应有的发展模式。

（5）对环境约束下地级市全要素生产率进行空间计量研究。在城市经济发展过程中，邻近城市的技术进步、产业结构、污染排放等都可能会对本城市产生重要影响，因此，对城市环境全要素生产率的研究，不应该忽略这种可能存在的空间效应。本部分在对空间计量相关文献回顾的基础上，以长江中游城市群为例，构建空间自回归模型，运用 MATLAB 空间计量软件包采用极大似然法对环境约束下全要素生产率的影响因素进行估计。

（6）结论与政策建议。本部分首先是研究的结论，然后根据实证研究结果，提出促进不同类型城市全要素生产率提高的对策建议，最后提出了未来的研究方向和思路。

目　录

第1章 导论

1.1 问题的提出

改革开放 30 多年以来,中国经济经历了年均近 10% 的高速增长,经济总量位居世界第二位。从经济增长速度来看,1978—2008 年,中国国内生产总值(GDP)年均增长率达到 9.9%。在受到国际金融危机冲击影响的情况下,2008—2014 年,国内生产总值年均实际增长仍达到了 8.8%,远高于世界同期年均 3.8% 的增长速度。从经济总量来看,2008 年,中国国内生产总值超过德国,位居世界第三位;2010 年,国内生产总值超越日本,位居世界第二位,成为仅次于美国的全球第二大经济体。

但中国在经济高速增长的同时,对能源的需求量也越来越大,伴随而生的便是越来越严重的环境污染。资源高消耗、环境高污染和生态破坏成为中国经济高速增长的副产品。"高投入、高消耗、高污染、高产出"也成了这一时期我国经济增长方式的主要特征之一。

表 1-1 显示了 2000—2014 年中国废水、废气及工业固体废弃物排放情况。从表中可以看出,整体而言,工业废气排放总量(亿立方米)、工业固体废物产生量(万吨)、废水排放总量(亿吨)呈现出稳定上升的趋势;而二氧化硫排放总量、氮氧化物排放总量、工业固体废物排放量、化学需氧量排放总量、氨氮排放量(万吨)虽然呈现出先上升后缓慢下降的态势,但不可否认的是,这些"三废"的排放绝对量仍然很大,中国面临的环境污染问题短时间内仍然难以解决,节能减排的任务任重而道远。

表 1-1 中国废水、废气及工业固体废弃物排放情况（2000—2014 年）

年份	工业废气排放总量（亿立方米）	二氧化硫排放总量（万吨）	氮氧化物排放总量（万吨）	工业固体废物产生量（万吨）	工业固体废物排放量（万吨）	废水排放总量（亿吨）	化学需氧量排放总量（万吨）	氨氮排放量（万吨）
2000	138 145	1 995.1	--	81 608	3 186.2	415.2	1 445.0	--
2001	160 863	1 947.2	--	88 840	2 893.8	432.9	1 404.8	125.2
2002	175 257	1 926.6	--	94 509	2 635.2	439.5	1 366.9	128.8
2003	198 906	2 158.5	--	100 428	1 940.9	459.3	1 333.9	129.6
2004	237 696	2 254.9	--	120 030	1 762.0	482.4	1 339.2	133.0
2005	268 988	2 549.4	--	134 449	1 654.7	524.5	1 414.2	149.8
2006	330 990	2 588.8	1 523.8	151 541	1 302.1	536.8	1 428.2	141.4
2007	388 169	2 468.1	1 643.4	175 632	1 196.7	556.8	1 381.8	132.3
2008	403 866	2 321.2	1 624.5	190 127	781.8	571.7	1 320.7	127.0
2009	436 064	2 214.4	1 692.7	203 943	710.5	589.1	1 277.5	122.6
2010	519 168	2 185.1	1 852.4	240 944	498.2	617.3	1 238.1	120.3
2011	674 509	2 217.9	2 404.3	326 204	433.3	659.2	2 499.9	260.4
2012	635 519	2 117.6	2 337.8	332 509	144.2	684.8	2 423.7	253.6
2013	669 361	2 043.9	2 227.4	330 859	129.3	695.4	2 352.7	245.7
2014	694 190	1 974.4	2 078.0	329 254	59.4	716.2	2 294.6	238.5

注：①数据来源于《中国环境统计年鉴》2010—2015 年；②从 2006 年开始统计氮氧化物排放总量，生活排放量中含交通源排放的氨氮化物；③在废气排放统计方面，2011 年环境保护部对统计制度中的指标体系、调查方法及相关技术规定等进行了修订，统计范围扩展为工业源、农业源、城镇生活源、机动车、集中式污染治理设施 5 个部分；④在工业固体废弃物产生排放统计方面，2011 年环境保护部对统计制度中的指标体系、调查方法及相关技术规定也进行了重新修订，故不能与 2010 年直接比较。

  资源被大量消耗、环境被不断污染的经济发展方式，不仅使资源、环境难以支撑，而且会使经济发展本身积累矛盾、难以持续。因为这种粗放式发展完全是投资驱动，依靠大量开采和利用不可再生的资源实现的，其结果是导致社会经济陷入不良循环。中国政府充分认识到了这种发展方式是难以为继的，提出了"科学发展观""和谐社会"等发展理念，把建设资源节约型、环境友好型社会作为加快转变经济发展方式的重要着力点，把节约资源和保护环境作为一项基本国策，并将节能减排的目标纳入中长期发展规划中。"十二五"规划明确提出，"非化石能源占一次能源消费比重达到 11.4%，单位国内生产总值能源消耗降低 16%，单位国内生产总值二氧化碳排放降低 17%，主要污染物排放总量减少 8%"。"十三五"规划也明确提到，"必须坚持节约资源和保护环境的基本国策，坚持可持续发展，坚定走生产发展、生活富裕、生态良好的文明发展道路，加快建设资源节约型、环境友好型社会，形成人与自然和谐发展的现代化建设新格局，推进美丽中国建设，为全球生态安全做出新贡献"。这些规划中关于可持续发展的表述表明中国政府把节能减排摆到前所未有的战略高度，并将通过经济发展方式的转变，实现经济的可持续发展。

经济的增长，一方面可通过资本、劳动力等生产要素的投入来实现，但这种生产要素投入型的增长，因受制于资源、环境的关系不具备可持续性；另一方面可通过全要素生产率（Total Factor Productivity，简称 TFP）的提高来实现，这也是经济长期可持续发展的关键。全要素生产率是指除去资本、劳动等各要素投入之外的技术进步和能力实现等带来的产出增加，主要反映资本、劳动力等所有投入要素的综合产出效率。对全要素生产率的研究起始于丁伯根[①]和索洛在新古典框架下对于"索洛余值"经济增长贡献度的研究。1957 年，索洛在定量研究中，首次引入新古典生产函数 $Y_t = A_t K_t^\alpha L_t^\beta$，该函数建立在 Hicks 中性和规模报酬不变假定基础上，在该函数中，技术进步因素被纳入经济增长分析模型，即经济增长在扣除掉资本和劳动投入生产要素贡献后未被解释的部分，被称为技术进步率，后来被称为"索洛余值"或"索洛剩余"。此后，丹尼森[②]和乔根森[③]等学者对全要素生产率的测度做出了重要贡献。

由于索洛余值法测算模型简单并且合乎经济原理，因此很快被国内外经济学者所认可并被广泛用来测度一个国家或者地区、部门（产业）的全要素生产率。但由于索洛余值法本身存在的不足，例如规模报酬不变假设、参数估计失真、技术进步外生性等，该方法也被后来的学者所批判并不断将其改进。因此，后来测度全要素生产率的方法逐渐增多，包括扩展索洛模型分析、随机前沿生产函数法、数据包络分析法，等等。全要素生产率作为衡量一个国家或地区经济增长质量的重要指标，已经被学者所广泛接受。

改革开放以来，我国经济进入了高速发展的快车道，但长期以来，中国的经济增长呈现出粗放型增长方式的特点，主要表现为增长由大量资本、能源和

---

① 丁伯根. 生产、收入与福利［M］. 何宝玉，刘铧，译. 北京：北京经济学院出版社，1991.

② DENISON E F. Why Growth Rates Differ：Post-war Experience in Nine Western Countries［M］. Washington Brookings Institution，1967.

③ W. 乔根森. 生产率（上、下册）［M］. 李京文，等译. 北京：中国发展出版社，2001.

原材料以及劳动力投入推动，而技术进步或全要素生产率（TFP）增长对经济增长的贡献比较低（吴敬琏，2005；林毅夫，苏剑，2007）。因此，全要素生产率近年来成为我国学者研究的热点之一。目前国内这方面的研究主要沿着以下两个方向展开：一个方向是针对部门经济生产率的检验，如农业、工业部门等（徐盈之，2007；方福前，2010；王珏，2010；陈诗一，2010；涂正革，2011），总的来看，针对工业部门的研究又是这方面的关注重点。另一个方向则是以区域为对象，考察全国及各省生产率的变化情况（颜鹏飞，王兵，2004；郑京海，胡鞍钢，2005；王志刚，2006；李国璋，周彩云，2010）。前期实证研究得出了很多有意义的结论，但近几年来，一些学者开始意识到以往研究忽略了环境因素对经济增长效率的影响，而忽略环境因素计算出的经济增长效率不能正确衡量相关经济体可持续发展水平，这种传统的 TFP 测度仅仅考虑市场性"好"产出的生产，并没有考虑生产过程中产生的非市场性"坏"产出。因此，后来关于我国经济增长效率的测算，逐渐将环境效应纳入 TFP 测算框架。例如，吴军（2009）测算分析了环境约束下中国 1998—2007 年地区工业 TFP 增长及其成分，并对其收敛性进行了检验。孙传旺（2010）、汪克亮（2010）、朱承亮（2011）、张少华等人（2014）、胡建辉等人（2016）分别采用 DEA 方法、随机前沿模型、Malmquist-Luenberger 生产率指数测算了环境约束下的中国经济增长效率。

在当前我国城市化进程、工业化进程加速推进的背景下，城市已经成为工业、服务业集聚的中心，已经成为区域经济增长的核心动力区，城市生产率的变化走势必然会对区域乃至全国生产率变化产生极为重要的影响。国内一些学者也从不同的角度来研究中国城市经济效率的问题，金相郁（2006）利用数据包络分析法（DEA）对全国 41 个主要城市在 1990—2003 年生产率的变化进行了研究；高春亮（2007）利用曼奎斯特（Malmquist）指数，分析了 1998—2003 年 216 个地级以上城市生产效率。虽然已有文献较为丰富，但是，对城市经济增长效率的研究还处于初步阶段，以往研究都没有将环境效应纳入城市全要素生产率测算中。正确评价我国城市经济发展绩效就必须在传统生产率研究基础上考虑到环境因素的影响，这也是我国城市经济和城市化进程可持续发展的应有之意。本书试图将环境因素纳入城市全要素生产率的分析框架，测度综合考虑在 GDP 增长和污染排放减少的情形下中国城市 TFP 增长，从而合理评价环境约束条件下我国城市经济发展绩效。

1.2 研究的意义

2010 年我国劳动年龄人口达到最高点，自 2011 年之后呈现为连续的负增长状态，我国长期以来劳动力无限供给、劳动力过剩的状况发生改变。人口红利的消失意味着传统的经济增长源泉开始弱化，要保持经济的中高速增长就必须找到新的经济增长源泉（蔡昉，2016）。当前，我国经济发展面临"三期叠加"的矛盾，资源环境约束趋于紧张，劳动力、土地等生产要素成本不断升高，原有的高投入、高产出、高消耗的偏重数量扩张的发展方式已难以为继。而事实上，传统经济增长源泉的弱化和消失并不意味着新的经济增长源泉能够自然而然地产生。甚至一些新的、可持续的、支撑中国经济未来发展的经济增长源泉也在弱化，其中最典型的就是全要素生产率（蔡昉，2016）。2015 年我国政府首次在工作报告中提出"提高全要素生产率"。

我国经济的可持续性发展，首先，需要提高全要素生产率对产出增长的贡献；其次，要有效控制生产活动中所产生的环境污染。本书即是围绕环境全要素生产率展开，对我国主要地级市近年来考虑污染产出的全要素生产率进行测算。在理论方面，通过对现有经济增长理论的继承与发展，将环境因素纳入城市经济增长效率研究中可以丰富和完善现有理论，从而树立更加全面、科学的城市经济增长观。在现实方面，对处于转型期的环境约束下的中国城市经济增长效率及其影响因素的研究，有利于认清中国城市经济增长中的环境代价，有利于正确评估中国城市经济增长状况，以及与之相适应的城市发展模式，从而有利于我国城市化进程健康、持续发展。

1.3 框架结构

如前文所述，本书的目的是在前期学者研究的基础上运用最新发展的数据包络分析法（DEA），对节能减排约束下中国地级城市经济的全要素生产率进行研究，从而对城市经济增长的可持续性，经济发展方式转变的动力给予进一步的解答。内容安排如下：

第二章，文献综述。关于全要素生产率的研究文献已较为丰富，无论是城市全要素生产率还是考虑环境效应的省际或工业、农业、服务业等行业的全要素生产率，国内外学者都已经从不同角度进行了研究，总结以往研究的利弊得失可以使我们取长补短，从而对我国环境约束下的城市全要素生产率进行合理测算。本章首先分析了全要素生产率理论的发展历程以及现有文献中，学者们采用的主要研究方法，并对不同的方法进行了比较分析；其次对现有文献中，人力资本、R&D 与全要素生产率关系的研究进行了总结；最后对农业全要素生产率、制造业和服务业全要素生产率进行了综述分析。

第三章，对不考虑环境因素的城市全要素生产率进行研究。本章在对全要素生产率测度方法——Malmquist 指数法进行分析的基础上，选择了劳动力和资本两个投入要素，以各个地级市"年末单位从业人员数"和"城镇私营和个体从业人员"两类数据加总表示劳动要素投入量，以资本存量作为资本投入要素，以各城市的实际国内生产总值作为产出变量，对我国 285 个地级市2006—2014 年的全要素生产率进行了测算。

第四章，考虑环境因素的城市全要素生产率研究。本章是研究的重点内容之一，采用最新发展起来的 Malmquist-Luenberger 生产率指数法，分别基于三个层面，即从省级层面、城市层面、流域层面对我国 30 个省份、285 个地级市、长江流域沿线 24 个城市环境约束下的全要素生产率进行了测算，并与不考虑环境因素的测算结果进行了对比分析，最后对两种情形下各地区的全要素生产率分布动态进行了分析。

第五章，对环境约束下我国城市全要素生产率的影响因素进行研究。本章选择了人力资本、基础设施、外商直接投资、产业结构、财政支出比重、技术投入、经济密度、环境规制水平等因素，采用城市面板数据对城市全要素生产率进行回归分析。同时，为便于比较，将城市根据所属地域划分为东部、中部、西部三大区域，并对不同区域城市全要素生产率的影响因素进行了对比分析。

第六章，对主要地级市进行分类研究，分析不同类型城市环境全要素生产率的主要影响因素及其发展模式。本章首先从城市规模、经济水平、产业结构、环境规制水平、经济密度五个方面对地级市进行聚类分析，将所有城市划分为 8 个类别。然后采用累积的环境全要素生产率作为因变量，人力资本、基础设施、外商直接投资、产业结构、财政支出比重、技术投入、经济密度、环境规制水平 8 个变量作为自变量进行面板数据回归分析。最后根据各类型城市的特点和环境全要素生产率的影响因素，简要分析了各类型城市应有的发展模式。

第七章，对环境约束下地级市全要素生产率进行空间计量研究。在城市经济发展过程中，邻近城市的技术进步、产业结构、污染排放等都可能会对本城市产生重要影响，因此，对城市环境全要素生产率的研究，不应该忽略这种可能存在的空间效应。本章在对空间计量相关文献回顾的基础上，以长江中游城市群为例，构建空间自回归模型，运用 MATLAB 空间计量软件包采用极大似然法对环境约束下全要素生产率的影响因素进行估计。

第八章，结论与政策建议。本章首先得出研究的结论，然后根据实证研究结果，提出提高不同类型城市全要素生产率的对策建议，最后提出了未来的研究方向和思路。

第 2 章 文献综述

2.1 全要素生产率理论

2.1.1 全要素生产率理论的发展历程

从最初的古典经济增长理论开始,经济学家们就不断探索劳动生产率对于经济增长的重要性。之后,随着经济增长理论的发展,生产率理论也处于不断发展之中。从其发展历程来看,大致经历了单要素生产率—全要素生产率—绿色全要素生产率理论这一过程。

从古典经济学时期,生产率理论就已逐步兴起。亚当·斯密在其经济学理论中就已经强调劳动生产率的作用。古典经济学者萨伊也阐述了社会生产所必需的三种要素,即劳动、土地和资本。从价值论出发,劳动和产出的比例为劳动生产率,资本与产出的比例为资本生产率,这也形成了单要素生产率理论的基本雏形(李玲,2012)。

通过单要素理论可以对不同时期、不同地区单一要素的生产效率进行比较,但是,对于投入要素的产出贡献率,单要素理论则无法进行回答和解释。在科布-道格拉斯生产函数基础上,丁伯根于 1942 年用时间趋势来表示效率水平,提出了多要素生产率。索洛(Solow)则于 20 世纪 50 年代末期在科布-道格拉斯生产函数基础上,将规模报酬不变和技术中性的假定纳入函数中,并将劳动和资本投入之外的其他所有要素对经济增长的贡献部分统称为技术进步,也称为全要素生产率。Solow 余值提出之后,经济学者关于全要素生产率理论的研究主要集中在测量方法的改进方面,比如 Aigner(1977)利用随机前言生产函数测量 TFP,Charnes,Cooper 和 Rhoades 于 1978 年提出了数学规划分析模型 CCR,Banker,Charnes 和 Cooper 于 1984 年提出了 BCC 模型等。

传统全要素生产率的测算仅仅考虑了 GDP 等市场经济指标,并未考虑对环境污染产生影响的废气、废水等的"坏"产出，从而影响了对社会福利变化和经济绩效的评价。因此，近些年来，许多学者开始考虑"坏"产出的影响，尝试将环境因素纳入效率和生产率的分析框架中。Chung 等人（1997）在测度瑞典纸浆厂的 TFP 时，介绍了方向性距离函数（Directional Distance Function），并提出了 Malmquist-Luenberger 生产率指数，该指数能够测度存在"坏"产出（废水、废气等）时的 TFP，同时考虑了"好"产出的提高和"坏"产出的减少，其具有 Malmquist 指数所有的良好性质。对绿色全要素生产率的测算成为经济学界近年来的研究热点之一。目前，中国学术界对于 TFP 的研究主要沿着两个方向展开：一个方向是对农业、制造业、服务业等部门经济生产率的检验（详见本章 2.4、2.5、2.6）；另一个方向则是将环境因素纳入 TFP 分析框架，研究环境约束下的部门 TFP 或地区 TFP。例如，刘林（2012）利用 Malmquist 指数将环境因素纳入全要素生产率的分析中，对浙江省 2002—2009 年部分城市的全要素生产率进行了测算。结果表明浙江省区间内生产率水平有所增长，但增长类型和原因则因地区差异而不同，且不同区域间的全要素生产率差异逐步扩大。李春米和毕超（2012）采用 DEA-Malmquist 指数测算方法对环境约束下的西部地区工业全要素生产率增长情况进行了研究。实证分析显示：我国西部地区污染排放效率提升缓慢，制约了工业 TFP 的提高；规模改善对于污染排放效率的提高具有正向作用，但原有技术的持续使用会使得污染排放效率降低；政府的环境规制措施对企业技术进步呈现出明显的负面影响，从而在一定程度上制约了工业 TFP 的提升。因此，我国西部地区各地方政府应根据区情差异实行不同的环境规制措施，构建有利于经济可持续发展的环境制度。陈丽珍和杨魁（2013）将能源消耗和二氧化碳排放量两个环境因素纳入传统的生产函数分析框架中，利用超越对数生产函数对江苏省工业全要素生产率的变化情况进行分析，认为江苏省工业目前处于以技术驱动为特征的集约型增长方式的转变中，但随着工业的快速发展，二氧化碳等环境污染因素逐渐成为江苏省工业持续健康发展的重要阻碍因素。毕占天和王万山（2012）利用 DEA 和方向性距离函数对碳排放约束下 2001—2009 年我国各省市的全要素生产率和能源效率进行了测算。实证分析结果显示，在这一期间，由于经济增长中能源投入较大，且污染排放严重，故大部分地区未能达到生产前沿面，全要素生产率和能源效率较为低下。屈小娥和席瑶（2012）将资源和环境因素纳入全要素生产率的测算中，对 1996—2009 年我国各地区的全要素生产率进行了实证分析，进一步将 TFP 变动分解为技术效率与技术进步的变化。实证结果显示，当将资源环境因素纳入生产率分析中时，我国全要素生产率总体较低，有很大的挖掘空间。TFP 增长的主要源泉在于技术效率的不断提高，而技术进步和规模效率对于 TFP 增长的作用不明显。从影响因素来看，工业产值比重、资本/劳动比率上升对于全要素生产率的提高有抑制作用。而降低国有经济比重、减少政府对经济的过度干预，以及增加环保投资对于提高全要素生产率具有促进作用。薛建良和李秉龙（2011）利用基于单元的综合调查评价法计算了 1990—2008 年我国主要农业污染物排放数量，并在此基础上度量了基于环境修正的中国农业 TFP。研究表明，1990—2008 年，中国经过环境调整后的农业生产率增长幅度呈现减小趋势，农业环境污染使农业生产率增长降低 0.09%~0.6%。匡远凤和彭代彦（2012）对中国在考虑环境因素下的生产效率及 TFP 在 1995—2009 年的增长变动状况进行了研究。研究认为，相比传统生产效率，环境生产效率能够体现环境问题给生产效率带来的损失，且更能反映各省之间在资源利用上的效率差异。李小胜和安庆贤（2012）采用方向性距离函数方法和 Malmquist-Luenberger 生产率指数法，测算了我国工业 36 个行业的环境管制成本和绿色全要素生产率。研究认为，我国工业行业的环境管制成本相对较高，一定程度上降低了企业的竞争力，技术进步的不断提高是绿色全要素生产率增长的主要动力。

从上面的文献可以看出，我国学者近年来关于全要素生产率的研究，已经将资源、环境因素纳入分析框架中，对于全要素生产率的研究，也逐步转变成对绿色全要素生产率的研究。

2.1.2　全要素生产率的度量方法[①]

对于全要素生产率的度量方法，从现有文献来看，主要可以归为索洛余值法、随机前沿生产函数分析法（Stochastic Frontier Production Function Analysis，简称 SFA）、数据包络分析法（Data Envelopment Analysis，简称 DEA）三大类。

索洛余值法是在索洛提出"索洛余值"的基础上不断发展而来的，索洛在"希克斯中性技术进步"假定基础上，推导出经济增长因素分析模型。假设生产可能性函数：

$$Y_t = f(K_t, L_t, A_t) \tag{2-1}$$

式（2-1）两边对 t 全微分可得：

$$dY_t = \frac{\partial Y_t}{\partial K_t}dK_t + \frac{\partial Y_t}{\partial K_t}dL_t + \frac{\partial Y_t}{\partial A_t}dA_t \tag{2-2}$$

---

①　参考了李京文、钟学义（2007）和周彩云（2010）对于全要素生产率研究方法的述评。

式（2-2）两边同时除以 Y_t，可得到：

$$\frac{dY_t}{Y_t} = \frac{K_t}{Y_t}\frac{\partial Y_t}{\partial K_t}\frac{dK_t}{K_t} + \frac{L_t}{Y_t}\frac{\partial Y_t}{\partial L_t}\frac{dL_t}{L_t} + \frac{A_t}{Y_t}\frac{\partial Y_t}{\partial A_t}\frac{dA_t}{A_t} \tag{2-3}$$

$$= w_{kt}\frac{dK_t}{K_t} + w_{lt}\frac{dL_t}{L_t} + \frac{A_t}{Y_t}\frac{\partial Y_t}{\partial A_t}\frac{dA_t}{A_t} \tag{2-4}$$

式（2-4）中，w_{kt}、w_{lt} 分别表示资本产出弹性和劳动产出弹性。

式（2-4）进一步变形为：

$$\frac{A_t}{Y_t}\frac{\partial Y_t}{\partial A_t}\frac{dA_t}{A_t} = \frac{dY_t}{Y_t} - w_{kt}\frac{dK_t}{K_t} - w_{lt}\frac{dL_t}{L_t} \tag{2-5}$$

从式（2-5）可以看出，索洛余值即是从总产出增长中扣除资本、劳动力带来的产出增长而剩余的部分，用这一部分表示技术进步对总产出的贡献，显然，"索洛余值"是利用理论生产函数推导增长方程得出的，并附加了规模报酬不变和希克斯中性等条件。

索洛余值所包含的内容非常复杂，因为影响余值的因素除了产出、要素投入、技术进步外，社会制度的变革、政府宏观经济政策的变化、开放条件下世界经济的影响、分析期的差异等也都会影响到"余值"的大小。即便是针对理论生产函数进行因素分解，所得到的"余值"也不全是技术进步的贡献，至少不能忽视规模报酬对余值的影响。

随机前沿生产函数分析法。该方法被大量运用主要始于 1977 年 Aigner 在随机前沿生产函数分析法上取得的重大突破。运用随机前沿生产函数分析法研究 TFP 的增长可以避免索洛余值法在测度 TFP 方面的缺陷。Kumbhakar（2000）对随机前沿生产函数分析法进行深化，并将 TFP 分解为技术进步、技术效率、配置效率和规模效率。随着随机前沿生产函数分析法理论的不断完善，该方法被广泛应用于地区或行业的全要素生产率测度及其分解。但是随机前沿生产函数分析法也具有一定的缺陷，其运用过程中必须确定生产函数的具体形式，且只适合多个投入指标、单一产出指标的形式，因而在测度包含期望产出和非期望产出同时并存的全要素生产率方面就显得无能为力（李玲，2012）。

数据包络分析法（DEA）。该方法的原理是根据相同类型的单元投入产出值来估计生产前沿面，从而判断生产单元是否处于该前沿面。DEA 方法的优点之一是不需要要素价格信息和具体的生产函数形式，可以对多个样本进行跨期研究，所以在决策单元的效率评价中数据包络分析法应用较为广泛。Charnes，Cooper 和 Rhodes 等人（1978）提出了后来被广泛应用的 C^2R 模型，但该模型的缺点是规模报酬不变假定。Banker，Charnes 和 Cooper（1984）又进一步提出可变规模报酬的 DEA 模型，即 BC^2 模型。对于有多种投入、多种产出情况下的距离函数的计算，主要有 Shephard 距离函数（Shephard，1970）和能够测算非期望产出的方向性距离函数（Chambers，et al.，1996；Chung，et al.，1997）。

目前，对于全要素生产率测算，应用最为广泛的是 Malmquist 生产率指数。该指数是 Caves 等人于 1982 年将瑞典科学家 Malmquist 提出的缩放因子应用于生产率测算中而产生。之后，Fare 等人（1989，1994）对其进行了改进和完善，使其应用更为广泛。Chung 等人（1997）将其进一步扩展，使其测算生产率时能够包含"坏"产出。1996 年，Chambers 等人发展了 Luenberger 生产率指标，该指标的显著优点是不需要对投入还是产出进行角度选择，且 Luenberger 生产率指标是与方向性距离函数相适应的具有相加结构的生产率测度方法（李玲，2012），这也是该方法能够被广泛应用于农业、工业、服务业等进行环境全要素生产率测算的主要原因。因此，本书选取 SBM 方向性距离函数和 Luenberger 生产率指标估算中国城市绿色全要素生产率。

2.2　人力资本与全要素生产率

在促进全要素生产率提高的诸多因素中，人力资本是极为重要的因素之一。对人力资本与生产率和经济增长关系的研究源于 20 世纪 80 年代的内生经济增长理论，该理论将索洛模型进一步扩展，使人力资本因素单独分离出来，并用以解释各国经济增长的长期持续性和差异性，所以在 20 世纪 90 年代以后，对人力资本与全要素生产率和经济增长关系的研究成为学术界探讨的热点问题之一。

总结国内外学者的研究，笔者主要围绕以下几个问题展开研究：人力资本是否能够促进全要素生产率增长？如果能，其促进全要素生产率增长的途径是什么？人力资本对全要素生产率增长的影响是绝对的，还是不同类型人力资本对全要素生产率的影响存在差异？围绕已有文献研究的热点，对学者们的研究进行归纳分析，并对其观点和研究进展进行梳理如下：

2.2.1　关于人力资本能否促进全要素生产率增长的研究

从 20 世纪 50 年代开始，从舒尔茨（W. Schultz）的"人力资本投资理论"到罗伯特·索洛的"技术进步残差"理论，从保罗的"内生化的特殊知识"到卢卡斯的"专业化人力资本增长模型"，关于人力资本对全要素生产率和经济增长的影响越来越引起学者们的关注。人力资本对全要素生产率和经济增长的促进作用在理论上得到了广泛的肯定，但在实证研究上并没有取得一致意见。主要有两种不同的结论：一是人力资本能够显著促进全要素生产率和经济增长；二是无法证明人力资本能够促进全要素生产率和经济增长，实证检验中两者之间甚至呈现负向关系。

（1）人力资本能够促进全要素生产率增长。

整体而言，大多数研究都是围绕人力资本积累、人力资本存量对全要素生产率和经济增长的影响展开。国外学者的研究中，Schultz（1962）对人力资本与经济增长的研究相对较早，认为在经济增长中人力资本投资是一个非常重要的解释变量，能够在很大程度上解释"相同投入要素带来不同产出"差异的原因。Miller 和 Upadhyay（2000）的研究表明，人力资本对全要素生产率具有积极影响，但这种影响会因不同国家而有所差异。Aiyar 和 Feyrer（2002）通过构建动态面板数据模型，证明了人力资本能够显著促进全要素生产率增长。此外，Mankiw、Romer 和 Weil（1992）、Engelbrecht（1997）等众多国外学者分别从理论和实证方面得出了人力资本能够带来经济显著增长的结论。Slam 等人（1995）对人力资本与 TFP 的关系进行分析。研究同样表明，人力资本对 TFP 具有显著影响，能够促进 TFP 的快速增长。Ghosh S. 和 Mastromarco C.（2013）以经济合作与发展组织（OECD）国家的数据，利用随机前沿分析研究了跨境经济活动（国际贸易、FDI、移民）的外部性。研究结果表明，和人力资本一样，国际贸易、外商直接投资（FDI）是促进产出效率提高的重要渠道，而且国际贸易、FDI、移民对效率提高的积极影响程度取决于人力资本存量水平，从而佐证了人力资本对全要素生产率的促进作用。

从国内学者的研究看，多数实证文献也是支持这一观点。李小平和朱钟棣（2004）在研究国际贸易的技术溢出门槛效应时发现，在制度、人力资本、出口、FDI 这四个和全要素生产率增长显著相关的因素当中，人力资本仅次于制度因素，对全要素生产率增长的影响系数较大。进一步对人力资本分地区的影响研究表明，人力资本对东、中西部地区技术进步的影响显著为正，说明人力资本在促进我国各地区技术进步方面发挥了重要的作用；并且西部地区的人力资本对技术进步的正影响最大，东部地区其次，中部地区最小。王德劲（2005）利用误差校正模型，估计出我国 1952—1998 年的内生技术进步模型，认为人力资本对技术进步有显著的正向影响。岳书敬和刘朝明（2006）以人均受教育年限表征人力资本水平，利用我国1996—2003年的省级面板数据分析了考虑人力资本情况下的全要素生产率增长。研究发现，在引入人力资本要素后，1996—2003年区域全要素生产率的增长得益于技术进步；如果不考虑人力资本存量，则低估了同期的效率提高程度，而高估了期间的技术进步指数。彭昳、刘智勇和肖竞成（2008）在考虑人力资本对劳动力投入质量的影响下，运用DEA方法测算了中国及各区域的技术进步指数，并将对外开放和人力资本放入统一的研究框架内分析其对技术进步的影响。结果发现，人力资本作为推动技术进步的重要因素，虽然在当期对技术进步的影响显著为负，但在滞后一期不论是从全国还是分区域来看，都明显地促进了技术进步的提高。刘智勇和胡永远（2009）以要素投入及其使用效率作为切入点，并根据人力资本主要通过技术进步促进经济增长的作用机制，构建了"人力资本—全要素生产率—要素边际生产率—要素积累—经济增长"综合分析框架，并运用1978—2005年中国省际面板数据进行实证研究。结果表明，人力资本对全要素生产率具有重要的促进作用，相较于其他因素，人力资本对中西部地区全要素生产率的年均贡献率是最高的。谢申祥、王孝松和张宇（2009）的研究表明人力资本的增加对我国技术水平的提高具有较大的提升作用，中等学校及其以上毕业生占就业人口比重所表示的人力资本水平每提高1%，将导致全要素累计变动率的增长率增加2.4%。

在前期关于人力资本与全要素生产率的研究中，多数文献都将不同的经济体视为相互独立的个体，忽略了这些个体之间在地理空间上的依赖性。而事实上，随着经济全球化和区域一体化的不断发展，经济体之间的空间依赖性也必然客观存在并不断强化，因此，应当将空间溢出效应纳入人力资本对全要素生产率影响的分析中。国内学者魏下海（2010）基于Spatial Benhabib-Spiegel模型（Valerien, et al., 2007），分别采用地理距离权重矩阵、0-1权重矩阵和经济距离权重矩阵等3种不同形式的空间权重矩阵对我国人力资本与省际全要素生产率增长的空间溢出效应进行实证检验。结果表明，3种空间权重矩阵设定下的回归结果一致支持了人力资本对全要素生产率增长和技术进步具有显著的正向空间溢出效应。

（2）人力资本不能促进全要素生产率增长。

虽然人力资本对全要素生产率的促进作用得到了大多数学者实证研究结论的支持，但仍有少数学者提出了不同的观点。Pritchett（2001）的研究认为全要素生产率增长与教育增长（人力资本水平的提升）存在显著的负相关关系，教育增长不能带来TFP的显著提高。Sderbom和Francis Teal（2003）利用

1970—2000年93个国家的面板数据，实证分析了贸易开放、人力资本与产出增长之间的关系。研究结果表明，在10%的统计检验水平下，贸易开放度对生产率增长有显著影响，而人力资本对生产率没有显著影响。Bils Mark 和 Klenow Peter（2000）利用联合国教科文组织统计的相关数据，分析了教育与经济增长的关系，认为教育仅仅解释了经济增长不到1/3的部分。Benhabib 和 Spiegel（1994）的研究认为产出增长率仅仅与人力资本存量有着显著的正向联系，但与人力资本增量之间的联系并不显著，甚至为负。Blomstrom 等人（1994）的研究同样没有得到高水平教育更有利于吸收外来技术的证据，却发现收入水平较高的国家更易从技术外溢中受益。Krueger 和 Lindahl（2001）研究了人力资本与经济增长之间的关系。结果表明，人力资本对经济增长的影响受经济水平差异这一条件的限制，在经济发展较为落后的地区，人力资本水平的提升对经济增长会产生显著的正向促进作用，而在经济发达地区，人力资本对经济增长的作用则是极其有限的，甚至为负值。

　　国内学者的研究中，颜鹏飞和王兵（2004）运用 DEA 的方法测度了1978—2001年中国30个省（自治区、直辖市）的技术效率、技术进步及 Malmquist 生产率指数，并且对人力资本同技术效率、技术进步和生产率增长的关系进行了实证检验。从检验结果来看，人力资本对全要素生产率增长和技术进步具有负的作用。谢良和黄健柏（2009）采用增长核算法和基于 LA - VAR 模型的方法，利用20世纪90年代以来的数据，对我国创新型人力资本、全要素生产率与经济增长的关系进行分析。结果显示，经济增长和全要素生产率增长都是创新型人力资本增长的 Granger 原因，但创新型人力资本增长不是全要素生产率和经济增长的 Granger 原因。魏峰和江永红（2013）基于安徽省第五次和第六次人口普查数据，以安徽省17个地级市为样本，考察了安徽省地区劳动力素质状况，并运用 Malmquist 指数法系统测算了安徽省2000—2010年的地区 TFP 增长率。研究发现，与劳动力素质的普遍提升相反，安徽省大多数地级市 TFP 近年来呈现负增长，劳动力素质的生产率增长效应未能显现。

　　综上所述，人力资本对全要素生产率的促进作用已得到学者们的广泛认可，但实证结果却相差巨大，甚至得出两者之间呈现负向关系的结论。分析认为，这可能归因于以下几点：一是全要素生产率测算方法的不同。全要素生产率测算方法目前主要有索洛残差法、隐性变量法、前沿生产函数法，不同方法的测算结果存在较大差异。二是与人力资本的衡量指标选取相关。由于人力资本水平并没有具体的统计标准，在衡量指标上也没有取得统一性意见，所以不同学者的研究中，也就产生了诸如人均受教育年限、大专及以上学历人口占总人口比重、企业家与专业技术人才比重等多种形式表征的衡量指标。三是 TFP 测算往往会低估发展中国家特别是经济体制转型国家的技术进步水平，因此，在不同外部条件、不同制度环境下的测算结果没有太大比较价值，由于经济发展所处阶段、人力资本边际收益的周期性等客观因素的影响，导致人力资本对全要素生产率的影响产生差异。

2.2.2 关于人力资本促进全要素生产率增长途径的研究

20 世纪 80 年代开始的新增长理论（内生增长理论）将知识和人力资本因素纳入经济增长模型，认为技术进步是经济增长的源泉，而技术进步的主体是人，或者说技术进步取决于一个国家的人力资本水平、专业化的知识和人力资本的积累可以产生递增的收益并使其他投入要素的收益递增，从而总的规模收益递增，说明了经济持续和永久增长的源泉与动力。那么，专业化的知识和人力资本水平的提高是如何影响技术进步、影响全要素生产率的？从 Nelson（1966），Romer（1990）等学者的研究结论中可以找到答案，即人力资本促进全要素生产率增长的途径主要有两条（Benhabib et al.，1994）：一是一个国家的人力资本水平决定了其技术创新能力而直接影响全要素生产率增长（Romer，1990）；二是人力资本水平影响着该国对先进技术的引进、消化、吸收以及技术扩散的速度（Nelson et al.，1966）。

Nelson R. 和 E. Phelps（1966）较早就注意到人力资本对技术进步的影响，并认为技术进步主要由两个因素决定：人力资本以及实际技术与潜在技术之间的差距，人力资本水平会显著影响对外来技术的消化和吸收能力，模仿能力也会得到较大限制，从而使全要素生产率提升速度较慢。Borro（1991），Borro 和 Lee（1993）的研究认为，国际技术在从创新国家到模仿国家的转移过程中，人力资本作为一个推动要素起了重要的作用。通过扩展索罗增长模型（在模型中增加了人力资本变量），Mankiw 等人（1992）证实了人力资本对经济增长存在直接的影响。Benhabib 和 Spiegel（1994）在 Nelson R. 和 E. Phelps 的研究基础上进一步证明了人力资本对经济增长的影响是通过全要素生产率来实现的，即人力资本并不是作为投入要素影响经济增长，如果将人力资本变量直接进入增长方程会导致错误的结论。Benhabib 和 Spiegel 认为，一个国家的全要素生产率增长情况取决于本国的创新能力以及对他国前沿技术的模仿吸收能力，而这些能力的提升又需要人力资本水平的提高，因此，当落后国家人力资本水平低于某一临界值时，其创新能力和对外来技术的吸收能力都较低，必然与发达国家的差距进一步扩大。

国内学者关于人力资本与全要素生产率的影响研究也基本沿着这两条路径展开。夏良科（2010）使用数据包络方法计算了我国各行业大中型工业企业的 Malmquist 生产率指数，考察了人力资本、R&D、前向和后向 R&D 溢出以及人力资本和 R&D 及 R&D 溢出之间的交互作用对全要素生产率、技术效率和技术进步的影响。研究认为，人力资本是全要素生产率增长的重要决定因素，人力资本和 R&D、前向和后向 R&D 溢出的交互作用显著地促进了全要素生产率增长和技术效率的改进；但在控制了人力资本与各 R&D 变量的交互项之后，人力资本与技术效率之间呈现为负相关关系，从而证明了人力资本更多的是通过提升技术开发和吸收能力来促进 TFP 增长。梁超（2012）通过运用系统广义矩估计（GMM）方法和脉冲反应研究了 FDI、非国有经济投资及其人力资本吸收能力对全要素生产率、技术效率和技术进步的影响。结果表明，FDI 抑制了全要素生产率和技术进步的提高，而人力资本通过学习、吸收附着于进口产品和 FDI 的新技术显著地促进了全要素生产率和技术进步的提高。邹薇和代谦（2003）在标准的内生增长模型中分析了发展中国家对发达国家的技术模仿和经济赶超问题，认为人力资本水平的提高一方面使得经济中既有的资本存量能够发挥更大的作用，另一方面又使得这些经济体对发达国家先进技术的模仿能力和吸收能力大大增强，因此，要提高发展中国家对于发达国家先进技术的模仿能力就必须首先提升发展中国家的人均人力资本水平。许多发展中国家之所以不能通过模仿发达国家的先进技术实现经济赶超，是因为其人力资本水平低下，无法吸收和利用发达国家的先进技术。张涛和张若雪（2009）从人力资本角度对珠三角技术进步缓慢的原因进行了分析，认为厂商技术采用和人力资本之间存在互补性，要打破珠三角的"低技术均衡"状态，就必须依靠更高水平的人力资本来加快技术的创新和新技术的推广。叶灵莉和王志江（2008）基于我国 1980—2006 年数据的经验研究发现，资本品、中间品进口均对技术进步有长期稳定的促进作用，而人力资本结构和人力资本水平则直接决定了进口贸易技术溢出的效果。因此，应当进一步提升人力资本水平，促进对进口贸易技术的吸收，从而促进技术进步。刘智勇和张玮（2010）的研究结果表明，创新型人力资本主要通过技术创新推动技术进步，因此，加大创新型人力资本培养力度，提高创新型人力资本配置效率是增强自主创新能力、加快技术进步的关键。黄文正（2011）认为发展中国家人力资本吸收能力是制约其技术进步的关键因素，只有充分依靠和发挥自己的人力资本比较优势，提高人力资本吸收能力，方能加快技术进步的速度。

2.2.3　关于异质性人力资本对全要素生产率增长影响的研究

在关于人力资本与全要素生产率关系的研究中，大多数文献都是把人力资本作为一个整体来分析，并没有区分人力资本的不同组成部分对全要素生产率可能产生的影响，而一个不争的事实则是人力资本的组成是复杂的，其不同构成部分对全要素生产率的影响也可能存在显著差异，如果不加以区分来探讨人力资本能否促进全要素生产率生长，得出的结论也就可能存在偏差。因此，后来的研究进一步考虑到了人力资本组成部分的异质性，把人力资本分解为不同的组成部分，分析不同类型、不同层次人力资本对全要素生产率分别产生的影响。

在关于对人力资本的分类上，Lucas（1990）依据人力资本所蕴含的知识差异，把人力资本划分为两种类型，一是社会共有的、以一般知识形式体现的人力资本，二是以劳动者的专有技能和特殊知识体现的专业化人力资本；姚树荣（2001）依据人力资本的专业技能属性，将其划分为一般型人力资本、专业型人力资本和创新型人力资本。但由于依据知识和专业技能所划分的人力资本类型界限不清、数据难以获取等问题，因此，在后来关于人力资本与全要素生产率关系的研究中，大都依据所受教育程度对人力资本的类型进行划分。

在国外学者的研究中，Grossman 和 Helpman（1991）认为劳动力的技术水平构成对于一个国家的技术创新活动有重要影响，相较于低技术劳动力，高技术劳动力的增加更有利于技术创新，进而促进经济增长。Borensztein 等人（1998）的研究认为人力资本具有和研发相似的"两面性"，由于不同人力资本水平的国家对技术的吸收和模仿能力存在差异，因此，具有较高教育水平的国家从技术外溢中获利会更多。Vandenbussche 等人（2006）认为由于技术进步来自于创新和模仿，因此，对那些处在不同发展水平的国家和地区，不同水平的人力资本对于全要素生产率的作用必然会存在一定差异。进一步以 19 个 OECD 国家 1960—2000 年的数据为例，验证了人力资本与全要素生产率之间的关系。结果表明，只有受过高等教育的人力资本组成部分才能对全要素生产率提升产生显著促进作用，平均人力资本的影响并不明显。

从国内文献来看，彭国华（2007）在 Aiyar 和 Feyrer（2002）的基础上，提出一个类似的人力资本与 TFP 的模型，但与 Aiyar 和 Feyrer（2002）的注意力主要集中于人力资本整体不同。该模型的假定是 TFP 的增长率和实际 TFP 与潜在 TFP 之间的差距正相关，而潜在 TFP 的大小则取决于人力资本各构成部分的作用，即允许人力资本的不同组成部分可以对潜在 TFP 起到不同的作用。在充分考虑了人力资本组成部分的异质性情况下，运用动态面板数据（Dynamic Panel Data）一阶差分 GMM 估计方法对 1982—2004 年我国 28 个省区市的面板数据进行了实证检验。实证结果表明，只有接受过高等教育的人力资本部分对 TFP 才有显著的促进作用。华萍（2005）计算了中国 29 个省份生产率增长数据的 Malmquist 指数，然后通过面板数据计量经济模型研究了不同教育水平对技术效率的影响。结果显示，大学教育对效率改善和技术进步都具有有利影响，而中小学教育对于效率改善具有不利影响；而且，大学教育对效率改善的有利影响是通过具有大学教育水平的劳动者向更有效率的非国有企业再分配实现的。吴建新和刘德学（2010）利用动态面板数据一阶差分广义矩估计方法对 1985—2005 年我国 28 个省（自治区、直辖市）的面板数据进行了实证检验。研究结论表明，不同层次人力资本中只有高等教育人力资本促进了 TFP 水平的提高，总体平均人力资本、中等教育人力资本的回归系数均为负值。除此之外，易先忠和张亚斌（2008）基于拓展的以 R&D 为基础的内生增长模型，同时基于内生模仿与自主创新，并考虑异质性人力资本（熟练劳动与非熟练劳动）在两种技术进步模式中的不同效应，以自主创新相对于模仿更密集使用熟练劳动为基本假设，分析了在技术差距和人力资本约束条件下后发国技术进步模式的选择及技术政策效应。分析表明，后发国技术进步模式的选择取决于技术差距和两种人力资本的构成比例，当经济中熟练劳动与非熟练劳动的比例和技术水平不断提高时，技术进步模式从模仿到自主创新逐步转型；提高创新型高质人力资本的构成比例能够加速技术进步模式从模仿到创新的转型，但加速技术进步从模仿到创新的政策不一定有利于技术进步；并发现在人力资本总量的约束下，只有当技术差距缩小到某一临界值、技术进步以自主创新为主导时，提高熟练劳动力的比例、制定对自主创新的补贴政策和较强的知识产权保护政策才有利于技术进步；当技术差距较大时，鼓励以模仿为主的政策有利于技术进步。颜敏和王维国（2011）在考虑人力资本质量的基础上，将人力资本分为熟练劳动资本和非熟练劳动资本，运用分位数回归技术研究了异质性人力资本对 TFP 增长不同阶段的作用机制。结果表明，非熟练劳动只在全要素生产率增长的初级阶段产生正向显著的促进作用，当 TFP 增长到一定水平（80%分位数以上）抑制了全要素生产率增长，而熟练劳动资本从 TFP 增长的 20%分位数处对发达地区产生显著正向拉动作用，并且这种作用持续增强。张玉鹏和王茜（2011）将人力资本分为高技术人力资本和低技术人力资本，利用 1987—2008 年的省级面板数据，实证研究了两种人力资本分别对全要素生产率的影响。研究表明，在其他条件不变时，两种层次的人力资本对全要素生产率增长都有显著的正向效应，但高技术人力资本的作用更大；高技术人力资本对全要素生产率的促进作用存在门槛效应，当地区全要素生产率与全国最高全要素生产率差距较小时，高技术人力资本对提高全要素生产率的作用较大，而当二者差距较大时，全要素生产率增长则主要依赖于低技术人力资本的积累。

综合以上研究，可以看出，我国学者大都以受教育年限对人力资本水平进行衡量，并将接受过高等教育的人力资本作为熟练劳动资本或者高质人力资本，未接受过高等教育的人力资本作为非熟练劳动资本或者低质人力资本，研究结果也大都表明，只有接受过高等教育的人力资本（熟练劳动资本或高质人力资本）部分对 TFP 才有显著的促进作用。当然，也有学者的研究结果与此不同，魏下海（2010）对我国人力资本与省际全要素生产率增长的空间溢出效应进行实证检验，认为就异质性人力资本而言，中等教育人力资本对全要素生产率增长和技术进步都具有显著的正向空间溢出效应，小学教育人力资本也基本表现出正向空间溢出特征，而高等教育人力资本对全要素生产率增长和技术进步有负向的空间溢出效应。

2.2.4　对人力资本与全要素生产率研究的简要评议

根据现代经济增长理论，经济增长的源泉来源于要素投入的增长和生产率的提高两个方面。同样，中国改革开放 30 多年来经济发展所取得的巨大成功也可以归结为两个方面：一是资本、劳动力、自然资源等使用数量的大幅度增长，二是包括技术进步、专业化分工等的全要素生产率的提高。随着资源环境约束的加强，以全要素生产率提高为主要途径的经济增长方式将逐渐成为中国未来经济发展的必然选择。而根据新增长理论，全要素生产率的提高取决于一个国家的人力资本水平。那么人力资本是否能促进 TFP 增长？其影响机制是什么？本书对前期大量的研究进行综述，这对于理解人力资本的功能以及更深入了解 TFP 具有重要意义。综合学者们的分析来看，在理论层面上，基本形成了一致结论，即人力资本是知识技术的源泉，能够通过加快技术创新、技术进步与扩散显著促进整个社会全要素生产率的提高；但人力资本对全要素生产率影响的经验研究结果却出现了明显差异，基于不同国家、不同层面的面板数据或时间序列研究出现了不同的结论；因此，后来关于两者关系的研究又进一步考虑了人力资本的异质性，把人力资本分解为不同的组成部分，分析不同类型、不同层次人力资本对全要素生产率分别产生的影响，这既深化了对人力资本和全要素生产率关系的理解，又进一步对现有文献中关于人力资本与 TFP

之间关系的争议提供了一种解释。

尽管前期文献颇丰,但关于人力资本与全要素生产率关系的研究仍有一些薄弱环节。主要表现在以下几个方面:

一是人力资本衡量指标的选取尚未取得一致。当前主要采用人均受教育年限、大专及以上学历人口占总人口比重、企业家与专业技术人才比重等几种表征形式,其中,人均受教育年限又是采用最多的衡量指标。虽然人均受教育年限可以反映一个国家整体的人力资本水平,但也存在颇多争议,赵立斌等学者(2013)就认为,异质型人力资本才是促进全要素生产率提高的源泉,普通人力资本只能作为一般投入要素对经济增长产生作用。因此,以人均受教育年限衡量人力资本水平来分析其对 TFP 的影响,可能无法真实反映两者之间的关系。

二是加强人力资本对 TFP 影响的动态性研究。从前期研究来看,大多数学者的实证研究都是静态地说明总量人力资本或某类型人力资本对 TFP 的影响是正或负的影响,而对于人力资本对 TFP 影响的阶段性、动态性等关注较少。

三是人力资本对 TFP 的影响是线性,还是非线性?前期关于人力资本对全要素生产率影响的研究,学者们多数使用线性模型进行估计,即分析人力资本对全要素生产率的“平均”影响。但如果人力资本对全要素生产率影响在受到外部因素干扰和制约时,这种影响则可能是非线性的,使用线性模型的估计结果则可能失真。虽然魏下海等极少数学者(2010)已经开始这一方面的研究,但其研究侧重于对数量模型中的门槛值、门槛系数进行分析,而对不同人力资本水平、不同全要素生产率水平下,人力资本对全要素生产率的作用机制、外部条件等没有进行深入研究。以上研究的不足也为未来研究指明了方向。

2.3　R&D 与全要素生产率

技术进步是一个国家或地区经济增长的引擎,技术扩散是落后经济体赶超发达经济体的重要渠道。由于技术进步无法被直接统计,所以目前实证经济增长文献通常采用全要素生产率间接度量经济体的技术进步,即技术进步被看作是经济增长中无法被观测到的变量所解释的部分。全要素生产率在衡量经济增长质量和效率方面具有重要的作用和功效,因而成为宏观经济研究和决策的重要指标，也是当前经济学界关注的热点之一。

对于全要素生产率增长的原因，从前期学者的研究来看，总体可以归结为三个方面：一是根据内生经济增长理论，认为一个国家或地区的 R&D 投入是其技术进步和生产率提高的重要源泉（Romer，1990）；二是根据新贸易理论，认为 R&D 本身具有正外部性，这种外部性在开放经济下可以突破国界的限制，通过国际贸易扩展到其他经济体，国际贸易成为技术溢出的重要渠道（Coe & Helpman，1995）；三是根据国际投资理论，认为 FDI 的流入和对外直接投资也同样会产生技术溢出，对国内企业的技术创新和生产率的增长产生重要影响（Kokko，1994）。但理论研究上的统一并未得到实证研究的支持，基于不同国家、不同层面的实证研究出现了不同的结论，那么，R&D 投入、国际贸易和国际投资下的技术溢出究竟能否促进 TFP 提高？如果能，其作用路径又是什么？本部分围绕已有文献研究的热点，对学者们的研究观点和研究进展进行梳理。

2.3.1 关于 R&D 活动对全要素生产率影响的研究

（1）国外学者相关研究。

根据 20 世纪 80 年代的内生增长理论，R&D 活动不仅能够促进本部门的技术创新，而且能够产生技术外溢使公共知识存量增加，从而最终促进整个社会经济增长和全要素生产率提高。国外许多学者通过实证方法对这一问题进行了分析，总体分为两类：一是对企业或行业数据的分析，B. Verspagen（2003）根据创新产出水平差异将制造业分为高、中、低三组进行研究。结果表明电子机械类、仪器类和化学工业类等高科技行业的 R&D 对 TFP 的弹性为 0.109，而其他行业的研发活动对 TFP 的影响并不显著。Marios Zachariandis（2002）的研究也表明 R&D 创新对经济增长和技术进步有显著的正向促进作用。G. Cameron（2000）通过构建异方差动态面板模型，研究了不同行业 R&D 创新对 TFP 的影响。结果表明，R&D 的这种影响在不同的行业具有较大差异，具有高资本-劳动比、使用高技术产业的中间产品和高对外开放的行业，R&D 创新对 TFP 的影响较为显著，这一弹性值大约为 0.24。Lesley Potters（2008）采用 2000—2005 年欧洲 532 个研发投资企业的数据分析了 R&D 活动对生产效率的影响。研究结果表明，企业 R&D 活动对产出具有正向积极影响，从低技术行业到中等技术行业再到高技术行业，R&D 活动的产出弹性值从最小值 0.05 ~ 0.07 不断增长到最大值 0.16 ~ 0.18，进而说明了高技术行业的 R&D 活动有更高的产出效率。二是基于国家层面分析 R&D 活动对全要素生产率的影响。哈佛大学的 Griliches（1994）以美国数据为例，研究表明 R&D 对全要素生产率具有显著正向促进作用，R&D 创新对 TFP 的弹性为 0.07%。McVicar（2002）、Cameron 等学者（2003）以英国为例，估计了 R&D 活动对全要素生产率的产出弹性值分别为：0.015、0.29。此外，Dolores Anon Higon（2007）利用英国食品、饮料、烟草和木材产业等 8 个行业 1970—1997 年的面板数据，实证分析了 R&D 活动对全要素生产率的动态影响。研究结果表明，R&D 活动对 TFP 的产出弹性值平均为 0.331。Cameron 等人（2005）、Griffith 等人（2004）的研究表明，R&D 活动具有两面性，即 R&D 活动既可以通过刺激创新，还可以通过提高企业学习和利用外部知识、技术的能力来促进全要素生产率的提高。

从国外学者的研究来看，研究结论基本一致，即认为 R&D 投入能够显著促进全要素生产率的增长，而且这种影响因不同的行业、不同的国家存在明显差异。

（2）国内学者相关研究。

相比较于国外学者的研究，国内学者的研究结论似乎更为多样化。总体可分为三种观点：

第一，R&D 投入对 TFP 具有显著的正向影响。支持这一观点的文献主要有：孟祺（2010）的研究表明，研发投入对装备制造业生产率增长有正向影响。殷硕和廖翠萍（2010）的研究结果表明，我国的 CCS 技术取得了巨大的进步，这些进步主要来源于两方面，即国外 FDI 的促进作用和国内研发创新的作用，其中，FDI 带来的国外研发对我国的 TFP 弹性为 0.436，对国内研发存量的 TFP 弹性系数值为 0.544，国内研发创新的作用略大于国外 FDI 的作用。吴永林和陈钰（2010）以北京市样本数据构建了一个高技术产业对传统产业的技术溢出研究框架，并将全要素生产率分解为技术进步和技术效率。研究结果表明，高技术产业的 R&D 投入对传统产业的技术进步有显著溢出效应，但不能提升传统产业的技术效率。刘渝琳和陈天伍（2011）的研究认为国内研发支出显著促进了全要素生产率的增长。白俊红（2011）的研究结果表明，R&D 促进了中国全要素生产率的提升，这种提升主要是通过技术进步来实现的，对技术效率反而产生了显著的负面影响。李静、彭飞和毛德凤（2013）基于 2005—2007 年全国工业企业微观数据，运用倾向得分匹配方法（Propensity Score Matching，简称 PSM）考察了有研发投入行为的企业与其"反事实情形"下未实施研发状态下的全要素生产率差异，发现研发投入对企业全要素生产率的溢出效应约为 16.5%，在增加更多的匹配变量、分组、逐年、分所有制、分地区的稳健性检验结果也均证明，研发投入对企业全要素生产率表现出明显的激励作用。黄志基和贺灿飞（2013）以《中国工业企业数据库》为数据基础，基于OP方法对中国制造业企业全要素生产率进行全新估计。结果表明，城市制造业研发总投入和研发投入强度显著正向影响城市TFP。

第二，R&D投入对全要素生产率的提升具有负向作用或无法证明两者之间的正向关系。

R&D投入对全要素生产率的正向影响并没有获得一致认同，金雪军、欧朝敏和李杨（2006）的研究认为技术引进和R&D投入虽然大大增加了我国技术知识存量，但并没有有效地转化为全要素生产率的提高。李宾（2010）采用单方程计量回归模型对宏观总量全要素生产率进行测算，并在进一步考虑了数据的稳定性、内生性、残差相关性等问题后，得出了研发投入阻碍TFP提升的结论。汤二子等人（2012）的研究认为研发投入对企业生产率的影响并没有预期的促进作用，甚至具有消极作用，其主要原因在于我国制造业企业研发效率时滞，且更关注产品质量而忽视提高生产效率。杨剑波（2009）采用1998—2007年我国东部、中部、西部三大区域的面板数据，分析了R&D创新对我国全要素生产率的影响。研究结果认为，整体而言，R&D创新对我国TFP虽然有正面影响，但这种影响缺乏统计意义上的显著性，从而无法判断创新对我国TFP有促进作用。

第三，研发投入对全要素生产率的影响因主体差异而不同。不同投入主体在R&D投入强度等方面存在较大差距，使得研发投入对全要素生产率的影响可能因主体差异而有所不同，因此，分析R&D投入对全要素生产率的影响必须具体分析。刘建翠（2007）运用C-D生产函数测算了高技术产业大中型企业TFP及其主要影响因素，认为R&D投入对高技术产业TFP增长起到了积极作用，特别是高技术企业自身的R&D投入是提高TFP的主要因素，1996—2005年，企业R&D投入对TFP的贡献率是95.89%，而公共R&D投入对TFP的贡献率只有8.91%，国外研发资本的贡献率则为负值，说明技术引进并没有促进我国高技术行业TFP的提高，而是阻碍了企业TFP的提高。曹泽、段宗志和吴昌宇（2011）研究了R&D投入及其溢出对TFP增长的贡献。研究结果表明，不同类型的R&D活动对TFP影响的程度和方向不同，企业R&D投入对TFP作用的效果最大，且对于东部地区TFP的作用大于中部和西部。

2.3.2 关于R&D溢出对全要素生产率影响的研究

根据创新驱动型经济增长理论，不仅一个国家内部的R&D活动可以带来生产率的提高，而且在对外开放中，通过进出口、FDI、对外直接投资等渠道产生的国际技术外溢也同样能够显著促进一国经济增长率的提高。

（1）国外关于国际R&D溢出对全要素生产率影响的研究。

Keller（1998）对8个OECD国家的研究表明，不仅产业自身的R&D能够促进全要素生产率增长，而且外国的R&D对行业的全要素生产率也具有显著的正向促进作用。Schiff等人（2002）对多个国家产业层面数据的研究表明，北—南贸易和南—南贸易的国际R&D溢出对TFP都有明显的促进作用，北—南贸易中产生的技术溢出要大于南—南贸易中的溢出强度，而且北—南贸易中的R&D溢出对高R&D密集型行业有主要影响，南—南贸易中的R&D溢出对低R&D密集型行业产生主要影响。Changsuh Park（2003）以韩国为例分析了国内外R&D对技术进步的影响。研究表明，国外R&D对韩国行业技术进步的影响要大于国内行业R&D产生的作用（唐保庆，2009）。Jakob B. Madsen（2007）以OECD国家135年的数据分析了技术溢出对全要素生产率的影响，认为在过去的一个多世纪中，技术溢出对全要素生产率的贡献率达到了93%，而且正是这种溢出效应促使OECD国家间全要素生产率差异的缩小。

（2）国内学者对R&D溢出与全要素生产率的研究。

国内学者对于R&D溢出对全要素生产率的影响主要从外商直接投资、对外直接投资和进出口三个角度进行研究：

第一，FDI渠道下技术外溢对TFP的影响研究。改革开放以来，我国实施的"以市场换技术"的外资战略吸引了大量外资的流入，这对于我国经济的持续快速增长、人力资本的开发和利用、国际收支盈余的增加等宏观经济目标都起到了非常重要的作用（张海洋，2005）。但对于内资部门是否获得内含在外资中的先进技术却有两种不同观点：一种观点认为由FDI途径的技术外溢推动了国内行业TFP的增长。何洁（2000）的研究认为外资企业对内资工业部门的总体正向外溢效应是现实存在的，而且这个正的效应还随我国对外开放步伐的扩大，引进FDI增加速度的加快有不断加强的趋势。胡祖六（2004）的研究认为外国直接投资对中国工业的生产率提高和技术进步起到了不可低估的作用，是解释中国经济增长奇迹的重要变量之一。张宇（2007）使用DEA与协整方法，研究FDI与中国全要素生产率的关系，得出的结论是从长远看，FDI流入将有助于我国全要素的提高，但在短期内没有影响。陈英、李秉祥和谢兴龙（2011）研究了FDI、全要素生产率与经济增长相互作用的规律，结果表明，FDI、全要素生产率和经济增长存在长期协整关系。

另一种观点则认为，FDI对我国的技术溢出效应并不显著。相关研究包括，姚洋和章奇（2001）利用 1995 年中国工业普查的 39 个行业 37 769 家企业的微观数据进行研究，发现 FDI 在行业内并没有产生显著的技术外溢效应。陈继勇和盛杨怿（2008）发现由于我国前期引资结构和质量的影响，FDI 的知识溢出效应特别是通过外资企业在当地从事生产活动带来的知识溢出效应并不明显。沈坤荣和李剑（2009）采用专利数据发现技术溢出是从内资企业流向外资企业，而不是相反。王春法（2004）的研究认为大量外资流入使得国内自主研发和创新能力的提高进展缓慢，形成了严重的技术依赖，中国通过吸引外资推动本国工业的技术进步和产业成长的策略成效不彰。吴建新和刘德学（2010）的研究表明进口和国内研发都显著地促进了 TFP 水平的提高，但没有发现 FDI 对 TFP 的显著促进作用。孟祺（2010）的研究表明，FDI 对全要素生产率增长有一定的负向影响，并认为这主要是由于外商投资企业进口大量中间产品从事加工贸易，对国内相关的配套产业形成冲击，导致国内产业的全要素生产率增长较慢。

第二，对外直接投资渠道下技术外溢对 TFP 的影响研究。对外直接投资（OFDI）是国际技术溢出的重要渠道之一，企业可以以对外直接投资的方式嵌入国外研发密集地区和行业技术前沿地区，利用当地研发机构的人力资源和技术资源快速提升自身的技术实力。赵伟、古广东和何国庆（2006）的研究表明，我国对外投资尤其是对 R&D 要素丰裕国家和地区的投资具有较为明显的逆向技术溢出效应。邹明（2008）借鉴传统的柯布-道格拉斯生产函数建立模型，对我国 OFDI 与全要素生产率之间的关系进行了实证研究。研究结果表明，OFDI 对我国全要素生产率的提升有正向促进作用，虽然作用强度不大，但从长期看，对外直接投资能促进我国技术进步，尤其是通过对科技发达、研发投入丰裕国家的直接投资能使我们获取国外的先进技术，从而提升我国的综合实力。李梅（2010）的研究结果表明，OFDI 对我国 TFP 的提升有显著的促进作用，但是促进程度受人力资本和国内研发吸收能力因素的制约。屈展（2011）的研究结果表明，对外直接投资对全要素生产率的提升有正向的促进作用，我国对外直接投资存量每增加 1%，国内全要素生产率将增长 0.006%，虽然作用强度不大，而且它对全要素生产率增长的作用要低于国内研发支出，但从长期来看，对外直接投资能促进我国技术进步。

虽然对外直接投资的逆向技术溢出效应获得了学者的普遍认同，但在实证研究上却并未获得一致的结果。Bitzer 和 Kerekes（2008）运用 OECD 中 17 个国家 1973—2000 年产业层面的数据对 OFDI 逆向溢出效应进行了检验。研究认为，FDI 流入对国内有显著的溢出效应，但 OFDI 的逆向溢出效应却并不明显，并且西方七国（G7）的 OFDI 对国内生产率还有显著的负面效应。国内部分学者的研究也支持了这一观点，王英和刘思峰（2008）考察了 OFDI、FDI、进口和出口四种渠道的国际技术溢出对中国技术进步的影响。结果表明，FDI 和出口促进了我国全要素生产率增长，但是 OFDI 和进口传导的国际 R&D 溢出并未对我国技术进步起到促进作用。白洁（2009）的研究发现，OFDI 虽然对我国全要素生产率的增长有正向作用，但这种逆向溢出效应在统计上并不显著。周游（2009）的实证结果同样表明，OFDI 对全要素生产率并没有产生直接推动作用。

第三，进出口渠道下技术外溢对 TFP 的影响研究。国际贸易渠道下的技术溢出，已经得到了学者的广泛关注和证实，认为一个国家或地区往往通过国际贸易直接分享贸易伙伴国 R&D 投入的成果。例如韩国、日本、中国台湾地区等都是成功消化、吸收进口商品所含的技术，并最终转化为自主创新能力的典范。国内学者黄先海和石东楠（2005）认为，通过国际贸易渠道溢出的国外 R&D 资本存量对我国全要素生产率的提高有着明显的促进作用，国外 R&D 资本存量每溢出 1 个单位，我国 TFP 水平就能提高 0.08 个单位。李小平和朱钟棣（2006）采用 6 种计算外国 R&D 资本的方法和国际 R&D 溢出回归方法，就国际 R&D 溢出对中国工业行业的技术进步增长、技术效率增长和全要素生产率增长的影响作了实证分析，研究认为，通过国际贸易渠道的 R&D 溢出促进了中国工业行业的技术进步、技术效率的提高及全要素生产率增长。赵伟和汪全立（2006）以 Lichtenberg 和 Potterie（1996）所提出的权重对国外研发存量进行加权，发现国内研发投入存量、贸易伙伴国溢出的研发与我国全要素生产率之间存在着稳定的长期均衡关系，即贸易伙伴国研发存量通过物化的进口品（中间投入品、机器、设备等）间接地推动了我国的技术进步。刘振兴和葛小寒（2011）对发生于我国不同省份之间、具有梯度溢出特征的进口贸易R&D 二次溢出进行了度量和分析，认为进口贸易 R&D 二次溢出随着人力资本水平的提高对全要素生产率产生显著的非线性提升效应，因此建议对利用进口贸易 R&D 一次溢出不具优势的区域，应当通过提高本地的人力资本总体水平及优化人力资本结构来间接地获取国际知识溢出。

2.3.3　对已有研究的简要评议

根据现代经济增长理论，经济增长的源泉来源于要素投入的增长和生产率的提高两个方面。同样，中国改革开放 30 多年来经济发展所取得的巨大成功也可以归结为两个方面：一是资本、劳动力、自然资源等使用数量的大幅度增长，二是包括技术进步、专业化分工等的全要素生产率的提高。随着资源环境约束的加强，以全要素生产率提高为主要途径的经济增长方式将逐渐成为中国未来经济发展的必然选择。那么，哪些因素决定了全要素生产率的不断增长？不管是内生经济增长理论还是新贸易理论与国际投资理论，都无一例外地肯定了 R&D 对全要素生产率增长的促进作用。即不仅一个国家内部的 R&D 活动可以带来生产率的提高，而且在对外开放中，通过进出口、FDI、对外直接投资等渠道产生的国际技术外溢也同样能够显著促进一国经济增长率的提高。本部分对前期国内外学者的研究观点进行了系统梳理，有利于加深人们对 R&D 与全要素生产率关系的理解，对我国加快提升 TFP、转变经济增长方式也具有重要的启示意义。从前期文献来看，关于 R&D 与全要素生产率关系的研究仍有一些薄弱环节。主要表现在以下几个方面：

一是衡量指标存在差异。对于 R&D 活动，现有文献存在多种衡量指标，包括研发投入、研发存量、研发人员数量等等，而对于研发存量，其计算又因为使用不同的折旧率而使结果差异较大，这对于结果的分析产生一定的影响。

二是对于 R&D 与全要素生产率关系的研究忽略外部环境的影响。区域差异、人力资本水平、企业出口前的研发投入强度、产业自身技术水平、地区技术结构等都会显著影响地区或产业对外来技术的吸收程度，从而影响生产率的提升。如果忽略这些外部环境，单纯研究 R&D 对全要素生产率的影响可能使结果出现偏差。虽然近一年来已有学者开始注意到这一问题，但研究相对较少。

三是我国不同地区之间在经济发展水平、经济结构、技术水平等方面差异巨大，而且不同投入主体在 R&D 投入强度等方面同样存在较大差距，使得研发投入对全要素生产率的影响可能因区域差异、主体差异而不同，因此，分析 R&D 投入对全要素生产率的影响必须考虑到其主体差异和区域差异。

2.4　农业全要素生产率

在我国经济高速增长的同时，农业发展也取得了巨大的成功。我国粮食总产量由 1949 年的 11 320 万吨增加到 2013 年的 60 193.5 万吨，主要农产品已经基本满足我国居民需求，用占世界不到 10% 的土地养活了占世界 20% 多的人口。在农业发展方式方面，农业发展也已由粗放生产到向集约化方向发展，科技对农业的贡献率不断提高，特别是农业机械化快速推进，2013 年耕种收综合机械化水平已经达到59.5%，比1978年提高了39.3个百分点。农业发展所取得的成就同样归功于两个因素：一是农业生产要素投入的不断增加，尤其是现代农用工业品（化肥、农药、塑料薄膜等）投入量的大幅增长。二是农业全要素生产率的不断提高。但当前我国农业发展也面临着资源减少和环境污染日益严重的刚性约束，依靠增加农业投入获得增长的空间越来越小，农业的可持续发展必须转变为依赖于农业全要素生产率的提高。当前，我国学者对农业全要素生产率进行了大量研究，研究方法不断增加，研究内容不断深化。现有文献总体可分为两类：一类是对我国农业整体全要素生产率进行测算，对地区差异进行比较，并分析主要影响因素。另一类是对粮食、大豆、油菜等单个农产品的生产进行全要素生产率分析。

2.4.1 农业全要素生产率及其影响因素

综合近年来关于农业全要素生产率的文献来看，我国改革开放以来的农业TFP是不断增长的，并且技术进步是农业TFP增长的主要来源，而技术效率则出现了轻微恶化；从地区差异来看，自东部向西部呈现逐渐减低的梯度分布，与中国经济空间布局相似。

这方面典型的文献包括：方福前和张艳丽（2010）分析了我国29个省区农业TFP变化情况，并对其影响因素进行了研究。结果表明，各地区间农业TFP差异较大；1991—2008年，我国农业TFP年均增长4.7%，其中技术进步年均增长5.0%，而技术效率则轻微恶化，年均降低0.04%，农业全要素生产率增长主要来自于技术进步；财政支农投入的增加对农业全要素生产率的变动有显著影响，乡村从业人员对农业生产效率值的影响较为明显。赵文和程杰（2011）对我国1952—2009年的农业TFP的测算表明，农业TFP年均增长仅为1.2%～1.7%，并没有高速增长的特征，长期以来，农业的增长主要是由要素的大量投入所推动，技术进步的贡献较小。郑云（2011）对我国农业TFP的研究结果表明，1992—2008年，我国农业TFP年均增长3.8%，对农业产出的贡献率为60.8%，其中技术进步又是农业TFP增长的主要来源。从影响因素来看，地区间农业TFP差异主要是由于对外开放度、市场化程度、城市化率、公共投资、工业发展水平等差异所导致的。郭萍、余康和黄玉（2013）的研究表明，我国农业全要素生产率地区差异呈现先下降后扩大的趋势；从构成看，剩余混合效率差异是农业TFP差异的主要贡献者；从空间比较来看，中国东部地区省份农业TFP差异较大，对农业整体TFP差异贡献率为31%，三大地区间的差异对农业整体TFP差异贡献率为29%。金怀玉和菅利荣

（2013）采用非参数的 DEA—Malmquist 指数方法，对我国农业 TFP 进行了测算并对影响因素进行分析。结果表明，尽管不同时期农业 TFP 增长差异较大，但从趋势来看，其是不断增长的；农业 TFP 波动的原因是多方面的，但自然灾害是主要原因；分区域来看，除了中部地区农业 TFP 提高外，其他地区近几年均出现不同程度的降低。王珏、宋文飞和韩先锋（2010）采用 Malmquist 指数法测算了 1992—2007 年的农业 TFP，从结果看，样本期间，东部、中部、西部地区农业 TFP 平均增长分别为 1.4%、−3.3% 和−6.0%，进一步通过空间计量模型对影响因素的检验表明地理位置、土地利用能力、工业化进程、对外开放和科技水平对农业 TFP 增长具有显著影响，而电力利用水平、自然环境、需求因素对农业 TFP 增长的影响并不显著。

在我国农业产出取得可喜成就的同时，农业污染问题却越来越严重。现代农业发展中，农药、化肥的大量使用，虽然增加了粮食产量，但是对生态环境所造成的严重破坏也与日俱增。第一次全国污染源普查已经表明，农业源污染已成为整个环境污染的重要来源，农业的发展已经不仅仅受到资源刚性约束，还必须考虑到环境保护问题。而传统的农业全要素生产率测算并没有考虑资源约束和环境污染，实际上是忽略了农业生产中可能会产生的对土壤、生态等的负面影响，从而也就无法真实反映农业产出绩效。因此，近几年来，我国部分学者开始将土地污染和生态破坏等问题纳入对农业 TFP 的分析框架中，即在考虑农业产出增长的同时，也考虑到环境污染问题。在这方面的研究中，薛建良和李秉龙（2011）利用基于单元的综合调查评价法计算了 1990—2008 年我国主要农业污染物排放数量，并在此基础上度量了基于环境修正的我国农业全要素生产率。研究表明，样本期间我国环境约束下的农业全要素生产率增长呈现逐渐降低趋势，农业环境污染使农业 TFP 增长降低 0.09~0.6 个百分点；并认为对于环境污染所采用的评估法不同，所测算的环境对农业 TFP 的修正结果就必然存在较大差异，因此，进一步探索环境污染价值评估方法，从而能够更准确地测算环境约束下的农业 TFP。李谷成、陈宁陆和闵锐（2011）应用清华大学环境科学与工程系的单元调查评估法核算了各地区农业污染排放量，并以此作为农业发展中的"坏产出"，将农业增长、资源节约与环境保护纳入一个统一的框架，对 1978—2008 年各省区农业全要素生产率进行了测算。实证结果表明，考虑环境污染成本后所测算的农业 TFP 低于传统农业 TFP，说明是否考虑环境污染问题对农业全要素生产率的核算结果会产生较大影响。潘丹和应瑞瑶（2013）计算了各地区的农业面源污染排放量作为"坏产出"，以第一产业总产值作为"好产出"，并将农作物播种面积、劳动力投入数量、役畜总数量、化肥使用量、农业用水总量、机械总动力等变量作为投入变量，测算了我国各地区的农业 TFP。研究结果表明，1998—2009 年，不考虑环境污染的农业 TFP 年均增长 5.1%，而考虑环境污染后，年均增速则降为 2.9%，从而说明忽视资源环境约束而测算的农业全要素生产率是不准确的，并认为我国农业发展是以对资源的大量消耗和生态环境的破坏为代价的粗放型增长。

2.4.2 农产品全要素生产率

除了对我国农业整体进行全要素生产率进行测算外，还有部分学者对农产品，包括粮食、油菜、棉花等进行了研究。主要包括，魏丹、闵锐和王雅鹏（2010）采用 Malmquist 指数度量了我国粮食全要素生产率、技术进步及技术效率变化，并对其影响因素进行分析。研究认为，农业财政支出的增加、产业结构的变动对粮食生产率提高具有显著促进作用；自然灾害则对粮食生产率提高产生显著的负向影响；人力资本通过影响技术效率进而促进粮食全要素生产率的提高。田伟和谭朵朵（2011）利用我国 13 个主要棉产区 1997—2009 年的数据，对棉花全要素生产率变动和区域差异进行了分析，得出以下结论：主要棉产区中 TFP 增长最快的是山东，最慢的是浙江；13 个地区棉花全要素生产率平均增长 5.49%，其中规模效率年均增长 10.7%，技术效率和技术进步年均增长分别为 2.01% 和 1.04%，出现严重退步的配置效率（-8.2%）成为棉花 TFP 增长的主要阻碍，同时也是棉产区之间 TFP 差异的主要形成原因。马恒运、王济民、刘威和陈书章（2011）采用距离生产函数和 Malmquist 生产率指数法对我国原料奶 TFP 进行了测算，得出以下结论：原料奶生产的全要素生产率增长较慢；原料奶全要素生产率增长的主要来源是技术效率，技术水平则出现了退步，并成为阻碍原料奶全要素生产率提高的主要原因。司伟和王济民（2011）对 1993—2007 年我国 12 个大豆主产区的大豆 TFP 进行了研究，并分析了各主产区之间的差异，研究认为样本期间，我国大豆 TFP 年均增长 1.5%，并呈现递减趋势；技术效率年均下降 0.52%；技术进步率年均增长 2.02%，从时间趋势看，并没有明显的递增或递减趋势。陈静、李谷成等人（2013）采用随机前沿生产函数法对我国油菜、大豆、花生三种油料作物 TFP 进行了测算并对其影响因素进行了分析。实证研究认为，油菜 TFP 增长最快，大豆全要素生产率增长波动剧烈，花生 TFP 则相对平稳；技术效率的改善是大豆和花生全要素生产率增长的主要来源，而油菜全要素生产率的增长主要是技术进步的贡献。从影响因素来看，自然灾害频率、种植比例、区位等因素对生产技术的效率提升具有重要影响。

遵循农业产出增长的同时生态环境得到改善的思路，闵锐和李谷成（2011）测算了在考虑生态破坏情形下我国粮食全要素生产率，研究以劳动力、土地、水资源、农用机械总动力、化肥、役畜等作为投入要素，以粮食总产量作为好产出，以污染物化学需氧量、总氮、总磷等作为坏产出，计算了Malmquist-Luenberger生产率指数。研究表明，1978—2010年，我国粮食TFP增长缓慢，不考虑生态破坏情形下计算的粮食TFP年均增长为1.3%，而考虑生态破坏时，农业TFP年均增长仅为0.93%；进一步的分解则表明，粮食生产存在技术进步和技术效率损失并存的现象。另外，吴丽丽、郑炎成等人（2013）采用同样的方法计算了碳排放约束下我国油菜生产的全要素生产率，并认为我国油菜1985—2010年TFP年均增长1.76%；分区域来看，东部地区增长较快；当考虑碳排放因素时，呈现波特双赢特征，油菜TFP出现上升。

2.5　制造业全要素生产率

制造业全要素生产率的测算，是我国学者研究的重点，有关于这方面的文献也最多。从现有文献来看，有关我国制造业生产率的研究多数基于区域、行业两个层面展开。

2.5.1　区域层面

区域层面上，多以比较分析我国不同省份制造业全要素生产率差异为主，并对全要素生产率的来源进行分解。这方面的研究包括：沈能（2006）基于非参数的Malmquist指数方法测算了1985—2003年中国制造业全要素生产率。研究表明，样本期间我国制造业全要素生产率年均增长1.5%，主要是由于技术进步的贡献，技术效率则出现下降。分区域来看，东部、中部和西部地区制造业技术进步差异不断扩大，进而导致了全要素生产率差异的扩大。吴玉鸣和李建霞（2006）基于2003年中国31个省、直辖市和自治区的工业企业统计数据，对省级区域工业全要素生产率进行了测算分析。结果表明，东部地区尤其是沿海地区省份的TFP较高，最高的是山东省（0.599），而西部内陆省份的TFP比较低，最低是青海（0.240），全要素生产率的地区差异与我国经济整体分布格局是基本一致的。宫俊涛、孙林岩和李刚（2008）基于非参数Malmquist指数方法构造区域制造业生产前沿，利用1987—2005年我国28个省区制造业数据，实证考察了制造业省际全要素生产率的增长来源、差异与变化趋势。研究结果表明，分析期内制造业的生产要素结构经历了一个资本相对密集化的过程；制造业省际全要素生产率的增长来源于技术进步，技术效率变化表现为负作用；全要素生产率在 1988—1990 年和 1994—1997 年两个时间段出现了负增长，1987—2002 年全要素生产率总体上没有增长。刘勇（2010）的研究表明，从三大区域来看，工业全要素生产率最高的是中部地区，其次为东部地区，最低的是西部地区。在影响因素中，集聚经济效应能够对全要素生产率增长产生正向影响，而国有经济比重则不利于全要素生产率的增长，人力资本的影响不显著。吕宏芬和刘斯敖（2012）利用 Malmquist 指数测算了我国29 个省市区和 17 个制造行业 1990—2009 年全要素生产率的增长情况。结果表明：东部地区全要素生产率增长较快，中西部地区相对滞后。

在工业全要素生产率的研究中，学者们同样开始在实证研究中思考工业产出增长与环境污染问题。王兵和王丽（2010）选择工业增加值作为合意产出的同时，选择二氧化硫（SO_2）和化学需氧量（COD）作为非合意产出，并以固定资产净值年平均余额和劳动量作为投入指标，对我国 1998—2007 年各省区的工业全要素生产率进行了测算。结果显示，在考虑环境因素后，工业全要素生产率年均增长率出现了轻微下降，由 10.06% 下降到 9.3%，技术进步是主要贡献者，效率变动不大；环境技术效率和环境全要素生产率都呈现自东部向西部逐渐降低的特征；外资直接投资、工业结构、能源结构对工业全要素生产率有负向影响，而人均 GRP、人口密度指标则产生了正向影响。杨鹏（2011）将碳排放量作为坏产出纳入 TFP 框架，对上海市制造业全要素生产率进行了研究，认为上海市制造业 TFP 增长不存在显著的绝对收敛，但存在较为明显的条件收敛；行业集中度、创新程度和规模对多数制造业 TFP 具有相对显著的影响，而行业外向度影响不明显。李春米和毕超（2012）对陕西省环境约束下的工业 TFP 测算结果表明，不管是否考虑环境因素，陕西省工业全要素生产率都低于全国水平；而当考虑环境因素时，陕西省工业 TFP 年均增长率下降 4.3 个百分点，说明陕西省工业发展过程中存在着严重的环境污染，工业增长与生态环境破坏并存；并建议对我国西部地区环境规制工具进行优化组合并在不同地区实行差异性的环境规制。杨文举和龙睿赟（2012）选取工业二氧化硫和工业废水中的化学需氧量作为非合意产出，对我国各省份的工业 TFP 进行了研究。结果表明，如果不考虑非合意产出所测算的工业 TFP 被高估；工业绿色 TFP 变化存在较大的省际差异并呈现随时间波动特点；技术进步是 TFP 增长的主要源泉，同时，技术效率的恶化则导致全要素生产率出现倒退；外商直接投资对环境 TFP 具有负向影响，证明了"污染天堂"假说。此外，贺胜兵、周华蓉和刘友金（2011），陈丽珍和杨魁等学者（2013）都对环境约束下的我国工业全要素生产率进行了研究。

2.5.2 行业层面

李小平和朱钟棣（2005）对中国制造业 34 个分行业的 TFP 进行了估算，研究表明，全要素生产率的增长和经济增长之间明显相关，但对大部分行业来说，生产率增长并不是产出增长的主要来源；并且各行业生产率增长存在较大差异。赵伟和张萃（2008）利用我国 20 个行业 1999—2003 年的数据对制造业全要素生产率进行了测算。结果表明，样本期间全要素生产率平均增长12.2%，技术进步平均增长率为 14.4%，而技术效率增长率则下降了 2%，行业全要素生产率增长主要是技术进步的贡献。陈柳（2010）利用 1993—2003 年中国制造业相关数据测算的全要素生产率则是年平均增长率为 3.3%，技术效率平均增长率为 0.7%，而技术进步平均增长率为 2.6%，技术进步年均增长率远大于技术效率。而基于不同样本期间的研究则得出了不同的结果，江玲玲和孟令杰（2011）对我国 2006—2009 年工业全要素生产率的实证结果表明，我国工业全要素生产率年均增长率仅为 4.3%，技术进步年均增长率为1.6%，技术效率年均增长率为 2.7%，技术进步已失去其推动全要素生产率增长的主导性优势地位，工业发展需注重同时提高技术效率和技术进步水平。吴献金和陈晓乐（2011）对 2000—2008 年我国 24 个主要汽车生产省份的汽车产业全要素生产率进行测算和分解，发现技术效率对汽车工业全要素生产率增长的贡献较大，对技术进步的影响较小。从影响因素看，人力资本、外商直接投资和科研投入对全要素生产率的增长有正向影响。

此外，还有部分学者测算了个别省份制造业全要素生产率。万兴、范金和胡汉辉（2007）测算了 1998—2004 年江苏省制造业 28 个部门的全要素生产率，结果表明，随机前沿分析法和 Malmquist 指数法所测算的 TFP 变动趋势是相同的，技术进步都是全要素生产率增长的主要源泉。张戈、涂建军等人（2012）运用 Malmquist 指数法，对重庆市 2000—2010 年 11 个主要制造业的全要素生产率进行了测算并分解。结果表明，技术进步对全要素生产率增长起到主要贡献，医药、化学化工等部分行业技术效率阻碍 TFP 的提高。

2.6　服务业全要素生产率

随着我国经济的快速发展，产业结构也必然由"二、三、一"转变为

"三、二、一"，服务业在经济中的比重进一步提升。国家《服务业发展"十二五"规划》中就明确提出，"到 2015 年，服务业增加值占国内生产总值的比重较 2010 年提高 4 个百分点，成为三次产业中比重最高的产业"。加快服务业发展既是推进经济结构不断调整、实现产业结构优化升级的重大任务，也是适应对外开放新形势、提升综合国力的有效途径，同时，也能够进一步增加就业岗位、满足人民群众日益增长的物质文化生活需求。根据现代经济增长理论，经济的可持续发展必须由要素投入依赖转变为创新驱动，即由技术进步和技术效率的持续改善成为经济持续增长的引擎。那么，我国服务业发展中，要素投入和技术因素的贡献如何？服务业发展的驱动因素是什么？是要素投入还是技术进步所引起？围绕这些问题，我国学者进行了深入研究。

杨勇（2008）测算了我国 1952—2006 年服务业的全要素生产率，并对全要素生产率的产出贡献率进行了纵向分析和横向比较。实证结果表明，我国全要素生产率对服务业的产出贡献在改革开放前波动较大，而改革开放后逐渐趋于平稳。服务业的发展主要是由于要素投入的增加所推动。刘兴凯（2009）的研究同样支持了这一观点，即我国改革开放以来服务业的发展中要素推动作用相当明显，全要素生产率的贡献逐渐降低。进一步从空间差异看，东部地区明显高于中西部地区。郑云（2010）采用 Malmquist 指数法测算了我国服务业全要素生产率，认为服务业 TFP 的增长主要是由于技术的不断进步所引起，技术效率的下降影响了服务业 TFP 的增长；各地区服务业 TFP 之间的差距正在逐渐缩小。孙久文和年猛（2011）对我国 31 个地区 2005—2009 年的服务业 TFP 进行了测算。研究认为，从整体来看，服务业表现为粗放型的增长，多数省份 TFP 出现了倒退，中西部地区 10 多个省份服务业全要素生产率下降了10%；从三大地区差异看，东部地区服务业发展水平高于中西部地区。

前期研究中，学者们除了对我国整个服务业 TFP 进行测算外，还有部分学者对服务业中的单个行业，诸如商业银行、信息服务业、电信业等服务行业的全要素生产率进行了测算。主要文献有：柯孔林和冯宗宪（2008）测算的我国 14 家商业银行 2000—2006 年的全要素生产率年均增幅为 4.9%，技术进步是主要来源，并认为自有资本比例的提高对于商业银行生产效率的改善具有促进作用。徐盈之和赵玥（2009）对我国 1997—2006 年信息服务业全要素生产率的测算结果表明，我国信息服务业 TFP 年均增幅为 10.5%；分区域看，东部地区高于西部地区，中部地区最低，人力资本、科研投入、信息化建设、城市化和政府行为因素都是影响地区差异的重要因素。赵树宽、王晨奎和王嘉嘉（2013）对我国 2003—2010 年电信业的全要素生产率进行了研究，认为以

2008 年电信业重组为分界点，2008 年以后由于重组需要进行资源整合，短期内影响了全要素生产率的提高；从区域上看，中部地区电信业 TFP 高于东西部地区。

第3章 中国主要城市全要素生产率增长

本章讨论我国地级以上城市 2005—2014 年的全要素生产率增长情况。首先总结我国主要地级市近年来的经济发展情况和要素投入情况，然后利用 Malmquist 生产率指数测算城市全要素生产率随时间的演进趋势以及各城市间存在的差异及其动态变化，并对全要素生产率的增长来源进行分析。本章的研究内容一方面可以对以往学者的研究进行综述并补充，另一方面能够与下一章考虑环境因素的城市全要素生产率进行比较分析。

3.1 研究方法

全要素生产率的测算方法，目前应用较多的主要有增长核算和非参数方法两大类。增长核算是一种根据计量经济学的相关理论进行测算的参数方法。在应用过程中，首先要假定投入变量和产出变量间存在一定的函数关系，然后再利用回归分析确定相关参数，从而进行全要素生产率的测算。而非参数方法则是基于线性规划等非参数理论而建立的，该方法无须设定投入与产出变量间的生产函数，也不需要引入较强的行为假设，从而避免了由于函数形式的设定差异所导致检验结果出现较大差异的可能性。

3.1.1 Malmquist 指数的定义

本书采用目前主流的 Malmquist 指数法测定我国主要城市的全要素生产率。Malmquist 指数最早由 Malmquist 于 1953 年首次提出，该指数最初是作为消费指数，后来 Caves 等人（1982）进一步拓展，将其应用于生产率的测算中。Fare 等学者（1994）构建的基于数据包络分析法的 Malmquist 指数是目前被研究者广泛采用的方法之一。该方法主要有三个方面的优点：一是不需要各指标的价格信息，投入和产出指标的要素价格等信息往往难以获取，因此，该优点使得实证分析更为简便；二是可用于不同地区、不同国家跨时期的比较分析；三是能够对全要素生产率的来源进行分解，主要为技术进步指数和技术效率指数（杨向阳，徐翔，2006）。Malmquist 指数本质是通过两个时期距离函数的比值来反映生产率的演变，而距离函数的求解则可以通过数据包络分析的线性规划实现。数据包络分析作为非参数前沿效率分析技术，有投入导向和产出导向两种，通过构造最佳生产前沿面来计算每一个决策单元（Decision Making Units，简称 DMU）在不同时期相对于最佳生产前沿面的距离，并以此定义相对效率的变化。

假定 X 表示投入向量，$X = (X_1, X_2, \cdots, X_N)$；$Y$ 表示产出向量，$Y = (Y_1, Y_2, \cdots, Y_M)$，$P(X)$ 为产出可行集，则产出距离函数表示为：

$$D_0^t(x, y) = \inf_\theta\{\theta : (X, Y|\theta) \in P(X)\} \tag{3-1}$$

θ 可用来度量产出效率，如果 $\theta = 1$ 表示资源配置是有效率的；如果 $\theta < 1$ 表示资源配置无效。当规模效率不变时，可用一个投入、一个产出或者一个投入、两个产出的情形对产出距离函数进行描述：

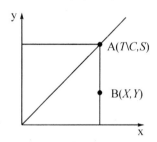

图 3-1　一个产出的距离函数

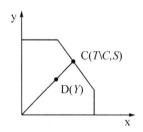

图 3-2　两个产出的距离函数

图 3-1、图 3-2 中，A 点和 C 点分别为一个和两个产出情形下的生产前沿面，B 点和 D 点则分别为一个和两个产出情形下的实际产出。在产出距离函数

中，投入被作为外生变量并保持不变，因此，最大产出即可以扩张到 $Y/D_0(X, Y)$，产出距离函数实际表示的是当投入不变时，产出向生产前沿面的最大扩张。

以时期 t 的技术 T_t 为参照，基于产出角度的 Malmquist 指数可表示为：

$$M_0^t = \frac{D_0^t(x^{t+1}, y^{t+1})}{D_0^t(x^t, y^t)} \tag{3-2}$$

以时期 $t+1$ 的技术 T_{t+1} 为参照，基于产出角度的 Malmquist 指数可表示为：

$$M_0^{t+1} = \frac{D_0^{t+1}(x^{t+1}, y^{t+1})}{D_0^{t+1}(x^t, y^t)} \tag{3-3}$$

为了避免在前沿技术参照系选择时可能的随意性，Fare 等学者采用了上述两个公式的几何平均值作为对 t 时期到 $t+1$ 时期生产率变化的衡量，即 Malmquist 指数。

以产出为导向的 Malmquist 指数为：

$$M_0(x^{t+1}, y^{t+1}, x^t, y^t) = \left[\frac{D_0^t(x^{t+1}, y^{t+1})}{D_0^t(x^t, y^t)} \times \frac{D_0^{t+1}(x^{t+1}, y^{t+1})}{D_0^{t+1}(x^t, y^t)} \right]^{1/2} \tag{3-4}$$

上式中，(x^t, y^t)、(x^{t+1}, y^{t+1}) 分别表示 t 时期和 $t+1$ 时期的投入与产出向量，而 $D_0^t(x^t, y^t)$、$D_0^t(x^{t+1}, y^{t+1})$ 则表示以 t 时期的技术前沿为参照的 t 时期和 $t+1$ 时期的距离函数，$D_0^{t+1}(x^t, y^t)$、$D_0^{t+1}(x^{t+1}, y^{t+1})$ 分别表示以 $t+1$ 时期的前沿生产技术为参照的 t 时期和 $t+1$ 时期的距离函数。同时，当该指数大于 1 时，表示全要素生产率不断增长，大于 1 的部分即为增长的速度；如果小于 1，则说明全要素生产率是下降的；等于 1 说明了全要素生产率不变。

3.1.2 Malmquist 指数的分解

在规模报酬不变假定下，Malmquist 指数可进一步分解为技术进步指数（TC）和技术效率变化指数（EC），分解如下：

$$M_0(x^{t+1}, y^{t+1}, x^t, y^t) = \frac{D_0^{t+1}(x^{t+1}, y^{t+1})}{D_0^t(x^t, y^t)} \times \left[\frac{D_0^t(x^{t+1}, y^{t+1})}{D_0^{t+1}(x^{t+1}, y^{t+1})} \times \frac{D_0^t(x^t, y^t)}{D_0^{t+1}(x^t, y^t)} \right]^{1/2}$$

$$= EC * TC \tag{3-5}$$

EC 表示从 t 到 $t+1$ 期生产技术效率的变化；TC 表示从 t 到 $t+1$ 期技术的变化。Malmquist 指数的分解也可以通过图 3-3 来进一步描述：

图 3-3 中，D（$Tt+1 \backslash C, S$）表示 $t+1$ 时期的生产前沿面，E 点表示 $t+1$ 时期的实际产出值；F 点为 t 时期的生产前沿面，G 点表示 t 时期的实际产出值。因此，从图 3-3 可以显示 Malmquist 指数的分解：

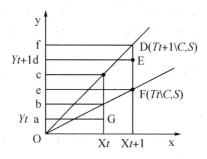

图 3-3 Malmquist 指数

$$M_0(x^{t+1}, \ y^{t+1}, \ x^t, \ y^t) = \left[\frac{l_{of}}{l_{oe}} \times \frac{l_{oc}}{l_{ob}}\right]^{1/2} \times \left[\frac{l_{od}/l_{of}}{l_{oa}/l_{ob}}\right] \qquad (3-6)$$

3.1.3 距离函数的求解

根据以上分析，如果要求解从 t 时期到 $t+1$ 时期的 Malmquist 指数，需要计算四个距离函数，通过 DEA 线性规划求解：

$$[D_0^{t+1}(x^{j, t+1}, \ y^{j, t+1})]^{-1} = \theta_{max}$$

$$s. \ t. \begin{cases} \sum_{j=1}^{J} \lambda_{j, t+1} X_{j, t+1} \leqslant X_{j, t+1} \\ \sum_{j=1}^{J} \lambda_{j, t+1} Y_{j, t+1} \geqslant \theta Y_{j, t+1} \\ \lambda_{j, t} \geqslant 0, \ j = 1, \ 2, \ \cdots, \ J \end{cases} \qquad (3-7)$$

$$[D_0^{t}(x^{j, t+1}, \ y^{j, t+1})]^{-1} = \theta_{max}$$

$$s. \ t. \begin{cases} \sum_{j=1}^{J} \lambda_{j, t} X_{j, t} \leqslant X_{j, t+1} \\ \sum_{j=1}^{J} \lambda_{j, t} Y_{j, t} \geqslant \theta Y_{j, t+1} \\ \lambda_{j, t} \geqslant 0, \ j = 1, \ 2, \ \cdots, \ J \end{cases} \qquad (3-8)$$

$$[D_0^{t}(x^{j, t}, \ y^{j, t})]^{-1} = \theta_{max}$$

$$s. \ t. \begin{cases} \sum_{j=1}^{J} \lambda_{j, t} X_{j, t} \leqslant X_{j, t} \\ \sum_{j=1}^{J} \lambda_{j, t} Y_{j, t} \geqslant \theta Y_{j, t+1} \\ \lambda_{j, t} \geqslant 0, \ j = 1, \ 2, \ \cdots, \ J \end{cases} \qquad (3-9)$$

$$[D_0^{t+1}(x^{j,\,t},\ y^{j,\,t})]^{-1} = \theta_{max}$$

$$s.\,t.\ \begin{cases} \sum\limits_{j=1}^{J} \lambda_{j,\,t+1} X_{j,\,t+1} \leq X_{j,\,t} \\ \sum\limits_{j=1}^{J} \lambda_{j,\,t+1} Y_{j,\,t+1} \geq \theta Y_{j,\,t} \\ \lambda_{j,\,t} \geq 0,\ j = 1,\ 2,\ \cdots,\ J \end{cases} \qquad (3\text{–}10)$$

3.2 实证分析

3.2.1 投入产出指标

投入指标：对于全要素生产率的测算，投入指标往往选择资本投入和劳动力投入两个变量。在本部分的实证研究中，以各个地级市"年末单位从业人员数"和"城镇私营和个体从业人员"两类数据加总表示劳动要素投入量。对于资本投入，在前期研究中，学者们的选择并不相同，常用的主要有年末固定资产净值、固定资产投入额、资本存量三个指标，其中以资本存量作为投入要素采用的最多。在本部分研究中，同样选择资本存量作为资本投入要素。目前我国统计数据中，仅给出了固定资产投资的统计数据，因此，本书以"永续盘存法"计算各个地级市的资本存量。计算公式为：$K_{it} = K_{it-1}(1 - \delta) + I_{it}/P_{it}$，其中，$I$ 为年度固定资产投资额，P 表示固定资产投资价格指数，δ 表示折旧率。对于折旧率，采用张军等学者（2004）的研究结果，取值为 9.6%。而对于基年资本存量则借鉴 Young（2000）的方法，以 2005 年固定资产投资总额除以 10% 作为初始资本存量。由于无法获得关于各城市固定资产投资价格指数的统计数据，因此，为剔除价格因素的影响，计算结果采用各城市所属省份的固定资产投资价格指数折算为 2000 年不变价。

产出指标：采用各城市生产总值表示。同样，为保持数据的可比性，将各地级市的名义 GDP 以其所在省份 GDP 平减指数折算为 2000 年不变价，剔除价格因素的影响得到实际 GDP。

数据说明：研究所用的样本数据年份为 2005—2014 年，采用的地级市数量为 285 个（除没有包含西藏地区的城市外，其他省份少数新设地级市或者地级市被合并的，均没有纳入本次分析范围）；相关数据均来源于《中国城市统计年鉴》和《中国统计年鉴》。对于极少数城市中缺失的指标数据，采用该城市该指标最近三年的平均值代替或者前后两个年份的平均值表示。由于缺失数据量很少，所以对于整体全要素生产率的测算结果不会产生显著影响。

3.2.2　各城市变量变动分析

（1）从业人员数量。从各城市从业人员的平均值来看，2005 年从业人员平均数量为 649 513 人，之后不断增加，到 2012 年达到 1 022 467 人，2014 年为 1 199 379 人，平均每年增长 7.1%。年均从业人员增长率排名前十位的城市分别为：揭阳市（33.63%）、通辽市（32.41%）、池州市（27.97%）、北海市（25.19%）、百色市（23.07%）、随州市（20.57%）、宣城市（19.52%）、常德市（18.53%）、佛山市（18.24%）、云浮市（18.17%）。

（2）固定资产投资。2005—2014 年，我国固定资产投资总额不断增长，按当年价计算，2005 年固定资产投资总额为 88 773.6 亿元，而到 2014 年，投资额增长为 374 694.7 亿元，平均每年增长 22.95%。从各个地级市投资情况来看，2005—2014 年，固定资产投资增长率变动较大，2006 年固定资产投资相较于 2005 年增长 24.83%，投资增速最高的年份是 2009 年的 39.21%，其次是 2008 年的 30.05%，到 2014 年则降为 10.96%。固定资产投资增速呈现先上升后下降的趋势，与 2008 年金融危机以及我国政府采取的积极的财政货币政策有关。进入 21 世纪以来，我国基本奉行了积极的财政货币政策，在 2008 年金融危机的影响下，经济下行压力加大，由此带来了我国于 2009 年开始的 4 万亿投资计划，所以 2009 年投资增速达到最大。

从各个城市的比较来看，固定资产投资平均增长率排名前二十位的城市依次是：陇南市（49.53%）、平凉市（49.27%）、德阳市（45.05%）、安顺市（44.30%）、防城港市（44.10%）、庆阳市（41.89%）、襄阳市（41.82%）、定西市（41.67%）、酒泉市（41.61%）、商洛市（41.19%）、北海市（40.86%）、渭南市（40.67%）、铁岭市（39.66%）、巴中市（39.33%）、忻州市（38.85%）、新余市（38.78%）、柳州市（38.46%）、绥化市（38.40%）、崇左市（38.35%）、广元市（38.26%）。增长幅度排名后二十位的城市依次是：上海市（5.95%）、菏泽市（7.73%）、梅州市（9.87%）、深圳市（10.14%）、东莞市（10.51%）、威海市（10.64%）、嘉峪关市（11.17%）、烟台市（11.31%）、宁波市（11.82%）、河池市（11.90%）、金华市（12.46%）、潮州市（12.66%）、北京市（12.77%）、台州市（12.88%）、嘉兴市（13.09%）、湖州市（13.17%）、衡水市（13.37%）、丽水市（13.47%）、衢州市（13.53%）、天水市（13.87%）。

从各地级市的排名可以看出，投资增速排名前二十位的城市基本都属于中西部地区，而排名后二十位的城市则包括了北京、上海等特大城市，绝大多数也都是东部地区城市。同样，排名前 100 位的城市中，属于东部地区的仅有不到 10 个城市。投资增速与地区经济发展水平呈现明显的负相关关系，说明了近年来国家不断加大对中西部地区发展的支持力度，基本设施建设投资大幅增加，这从近几年中西部地区经济发展增速也可以反映出来。

（3）经济发展水平。从全国总体来看，我国名义 GDP 总量从 2005 年的 185 895.8 亿元增长到 2014 年的 636 138.7 亿元，平均每年增长 9.98%。从各城市平均增长率来看，年均增幅排名前十位的城市分别为：榆林市（29.04%）、鄂尔多斯市（23.59%）、朔州市（22.77%）、通辽市（20.39%）、合肥市（20.22%）、防城港市（20.07%）、芜湖市（19.66%）、新余市（19.41%）、辽源市（19.22%）、双鸭山市（19.05%）、朝阳市（18.79%）、菏泽市（18.57%）、三亚市（18.54%）、宿迁市（18.20%）、赤峰市（18.08%）、乌海市（18.01%）、襄阳市（17.93%）、白城市（17.78%）、白山市（17.56%）、长沙市（17.30%）。排名后二十位的城市依次是：平凉市（0.09%）、衡水市（6.62%）、卡拉玛依市（7.31%）、威海市（7.50%）、运城市（7.80%）、临汾市（8.22%）、河池市（8.56%）、贺州市（8.56%）、南阳市（8.73%）、邢台市（8.78%）、武威市（8.86%）、温州市（9.09%）、大同市（9.34%）、吴忠市（9.77%）。

超过全国平均增速的城市为 134 个，低于全国平均增速的城市以东部地区居多。285 个城市 2005—2012 年的地区生产总值增速相对稳定，最高为 2007 年的 14.34%，最低为 2012 年的 11.97%。但 2013 年和 2014 年，实际 GDP 增速明显下滑，分别为 8.24% 和 8.22%。对各城市的横向比较看，与固定资产投资增速特征类似，中西部城市的平均增速高于东部地区的城市。

表 3—1

285 个地级市 2005—2014 年固定资产投资年均增长率

(单位：%)

城市	年均增速	城市	年均增速	城市	年均增速	城市	年均增速	城市	年均增速	城市	年均增速
北京市	12.77	呼和浩特市	16.25	吉林市	23.93	苏州市	15.62	马鞍山市	30.11	九江市	28.50
天津市	28.16	包头市	24.27	四平市	32.19	南通市	19.91	淮北市	30.89	新余市	38.78
石家庄市	22.16	乌海市	24.79	辽源市	34.39	连云港市	23.04	铜陵市	32.79	鹰潭市	28.04
唐山市	26.23	赤峰市	28.79	通化市	34.18	淮安市	23.74	安庆市	30.87	赣州市	28.58
秦皇岛市	23.71	通辽市	30.12	白山市	34.20	盐城市	22.72	黄山市	22.96	吉安市	37.68
邯郸市	25.13	鄂尔多斯市	30.90	松原市	31.25	扬州市	23.69	滁州市	35.52	宜春市	24.15
邢台市	19.75	呼伦贝尔市	21.39	白城市	30.21	镇江市	21.43	阜阳市	23.53	抚州市	28.98
保定市	19.59	巴彦淖尔市	25.19	哈尔滨市	30.01	泰州市	21.85	宿州市	33.49	上饶市	25.21
张家口市	32.78	乌兰察布市	18.91	齐齐哈尔市	32.31	宿迁市	34.02	六安市	29.67	济南市	14.60
承德市	27.28	沈阳市	22.67	鸡西市	31.76	杭州市	15.25	亳州市	27.88	青岛市	16.39
沧州市	26.25	大连市	26.25	鹤岗市	26.84	宁波市	11.82	池州市	27.78	淄博市	15.12
廊坊市	27.01	鞍山市	27.01	双鸭山市	35.17	温州市	23.83	宣城市	29.46	枣庄市	18.59
衡水市	30.37	抚顺市	30.37	大庆市	24.62	嘉兴市	13.09	福州市	27.39	东营市	19.32
太原市	13.37	本溪市	26.92	伊春市	33.83	湖州市	13.17	厦门市	20.50	烟台市	11.31
大同市	28.33	丹东市	32.76	佳木斯市	35.86	绍兴市	33.83	莆田市	34.42	潍坊市	15.96
阳泉市	27.48	锦州市	36.92	七台河市	21.20	金华市	21.20	三明市	31.43	济宁市	17.64

表3-1（续）

城市	年均增速	城市	年均增速	城市	年均增速	城市	年均增速	城市	年均增速	城市	年均增速
长治市	26.28	营口市	26.61	牡丹江市	36.33	衢州市	13.53	泉州市	24.54	泰安市	20.16
晋城市	26.04	阜新市	33.22	黑河市	35.24	舟山市	20.17	漳州市	33.24	威海市	10.64
朔州市	34.73	辽阳市	28.12	绥化市	38.40	台州市	12.88	南平市	28.04	日照市	22.85
晋中市	25.87	盘锦市	28.32	上海市	5.95	丽水市	13.47	龙岩市	34.49	莱芜市	19.38
运城市	26.70	铁岭市	39.66	南京市	18.41	合肥市	36.01	宁德市	24.32	临沂市	20.05
忻州市	38.85	朝阳市	36.94	无锡市	15.35	芜湖市	34.49	南昌市	24.63	德州市	13.91
临汾市	27.88	葫芦岛市	27.85	徐州市	24.08	蚌埠市	32.52	景德镇市	27.72	聊城市	20.91
吕梁市	24.83	长春市	26.24	常州市	19.31	淮南市	23.93	萍乡市	31.74	滨州市	14.85
菏泽市	7.73	荆门市	33.27	佛山市	15.96	玉林市	33.36	雅安市	22.59	商洛市	41.19
郑州市	23.58	孝感市	34.23	江门市	20.09	百色市	28.06	巴中市	39.33	兰州市	25.36
开封市	28.50	荆州市	36.01	湛江市	18.12	贺州市	31.47	资阳市	35.08	嘉峪关市	11.17
洛阳市	25.41	黄冈市	31.85	茂名市	21.57	河池市	11.90	贵阳市	28.22	金昌市	25.43
平顶山市	27.24	咸宁市	36.96	肇庆市	25.30	来宾市	36.37	六盘水市	33.86	白银市	25.72
安阳市	25.21	随州市	36.57	惠州市	20.79	崇左市	38.35	遵义市	30.69	天水市	13.87
鹤壁市	28.75	长沙市	24.46	梅州市	9.87	海口市	20.82	安顺市	44.30	武威市	31.23
新乡市	24.12	株洲市	31.53	汕尾市	20.07	三亚市	36.96	昆明市	24.89	张掖市	20.09
焦作市	23.29	湘潭市	26.36	河源市	16.35	重庆市	24.62	曲靖市	20.18	平凉市	49.27

表3-1（续）

城市	年均增速	城市	年均增速	城市	年均增速	城市	年均增速	城市	年均增速	城市	年均增速
濮阳市	25.41	衡阳市	28.50	阳江市	28.73	成都市	22.42	玉溪市	17.97	酒泉市	41.61
许昌市	22.05	邵阳市	28.22	清远市	16.43	自贡市	33.26	保山市	21.79	庆阳市	41.89
漯河市	26.33	岳阳市	28.07	东莞市	10.51	攀枝花市	25.30	昭通市	25.37	定西市	41.67
三门峡市	26.74	常德市	29.27	中山市	15.85	泸州市	31.35	丽江市	23.20	陇南市	49.53
南阳市	22.95	张家界市	15.67	潮州市	12.66	德阳市	45.05	思茅市①	27.46	西宁市	27.71
商丘市	24.20	益阳市	30.23	揭阳市	29.99	绵阳市	33.76	临沧市	36.93	银川市	24.14
信阳市	23.55	郴州市	30.07	云浮市	23.73	广元市	38.26	西安市	26.24	石嘴山市	27.38
周口市	23.32	永州市	25.68	南宁市	32.22	遂宁市	35.05	铜川市	29.99	吴忠市	29.19
驻马店市	26.00	怀化市	30.86	柳州市	38.46	内江市	29.60	宝鸡市	32.25	固原市	23.76
武汉市	25.13	娄底市	33.52	桂林市	31.79	乐山市	27.19	咸阳市	32.51	中卫市	25.02
黄石市	32.03	广州市	14.03	梧州市	35.25	南充市	30.83	渭南市	40.67	乌鲁木齐市	31.90
十堰市	30.73	韶关市	20.28	北海市	40.86	眉山市	24.83	延安市	28.29	克拉玛依市	15.98
宜昌市	27.20	深圳市	10.14	防城港市	44.10	宜宾市	26.09	汉中市	31.23		
襄阳市	41.82	珠海市	20.41	钦州市	31.03	广安市	23.62	榆林市	32.89		
鄂州市	35.19	汕头市	21.89	贵港市	22.03	达州市	25.85	安康市	30.29		

① 2007年更名为普洱市，下同。

表 3-2

285 个地级市 2005—2014 年实际 GDP 年均增长率

（单位:%）

城市	年均增速	城市	年均增速	城市	年均增速	城市	年均增速	城市	年均增速	城市	年均增速
北京市	9.78	呼和浩特市	14.77	吉林市	13.19	苏州市	11.92	马鞍山市	12.66	九江市	12.19
天津市	14.88	包头市	14.59	四平市	12.84	南通市	11.94	淮北市	12.57	新余市	13.40
石家庄市	10.46	乌海市	14.76	辽源市	13.55	连云港市	12.26	铜陵市	12.81	鹰潭市	12.95
唐山市	10.57	赤峰市	14.73	通化市	13.01	淮安市	12.15	安庆市	12.48	赣州市	12.14
秦皇岛市	10.61	通辽市	15.20	白山市	13.17	盐城市	11.96	黄山市	12.70	吉安市	12.19
邯郸市	10.50	鄂尔多斯市	16.12	松原市	13.58	扬州市	11.99	滁州市	12.48	宜春市	12.17
邢台市	10.62	呼伦贝尔市	14.57	白城市	13.26	镇江市	11.94	阜阳市	12.49	抚州市	12.16
保定市	10.46	巴彦淖尔市	14.53	哈尔滨市	10.71	泰州市	12.07	宿州市	12.52	上饶市	12.16
张家口市	10.61	乌兰察布市	14.62	齐齐哈尔市	10.80	宿迁市	12.75	六安市	12.51	济南市	11.61
承德市	10.92	沈阳市	11.87	鸡西市	10.87	杭州市	10.27	亳州市	12.65	青岛市	11.60
沧州市	10.48	大连市	11.84	鹤岗市	11.17	宁波市	10.27	池州市	12.75	淄博市	11.64
廊坊市	10.54	鞍山市	12.24	双鸭山市	12.06	温州市	10.32	宣城市	12.52	枣庄市	11.62
衡水市	11.16	抚顺市	11.86	大庆市	11.03	嘉兴市	10.25	福州市	12.65	东营市	11.68
太原市	10.44	本溪市	11.88	伊春市	10.74	湖州市	10.25	厦门市	12.68	烟台市	11.62
大同市	10.47	丹东市	11.80	佳木斯市	10.80	绍兴市	10.24	莆田市	12.75	潍坊市	11.60
阳泉市	10.47	锦州市	11.88	七台河市	11.67	金华市	10.25	三明市	12.80	济宁市	11.63

表3-2（续）

城市	年均增速	城市	年均增速	城市	年均增速	城市	年均增速	城市	年均增速	城市	年均增速
长治市	10.61	营口市	12.07	牡丹江市	11.42	衢州市	10.45	泉州市	12.65	泰安市	11.71
晋城市	10.50	阜新市	12.36	黑河市	11.05	舟山市	10.48	漳州市	12.69	威海市	12.28
朔州市	13.39	辽阳市	11.79	绥化市	11.01	台州市	10.32	南平市	12.66	日照市	11.81
晋中市	10.40	盘锦市	12.00	上海市	9.61	丽水市	10.39	龙岩市	12.91	莱芜市	11.76
运城市	10.76	铁岭市	12.15	南京市	11.91	合肥市	13.72	宁德市	12.68	临沂市	11.63
忻州市	10.92	朝阳市	12.75	无锡市	11.91	芜湖市	13.64	南昌市	12.14	德州市	11.61
临汾市	10.67	葫芦岛市	12.27	徐州市	12.06	蚌埠市	12.53	景德镇市	12.16	聊城市	11.75
吕梁市	11.38	长春市	13.06	常州市	11.93	淮南市	12.56	萍乡市	12.13	滨州市	11.73
菏泽市	12.66	荆门市	12.76	佛山市	10.92	玉林市	12.45	雅安市	12.74	商洛市	13.68
郑州市	11.89	孝感市	12.76	江门市	10.78	百色市	12.46	巴中市	12.75	兰州市	11.04
开封市	11.65	荆州市	12.77	湛江市	10.86	贺州市	13.19	资阳市	13.05	嘉峪关市	11.19
洛阳市	11.62	黄冈市	12.77	茂名市	10.79	河池市	13.31	贵阳市	12.88	金昌市	12.51
平顶山市	11.73	咸宁市	12.84	肇庆市	11.28	来宾市	12.58	六盘水市	12.80	白银市	11.03
安阳市	11.67	随州市	12.78	惠州市	10.94	崇左市	12.59	遵义市	12.82	天水市	11.06
鹤壁市	11.66	长沙市	13.16	梅州市	10.75	海口市	7.51	安顺市	12.84	武威市	11.47
新乡市	11.69	株洲市	12.64	汕尾市	10.89	三亚市	10.28	昆明市	11.92	张掖市	11.12

表3-2（续）

城市	年均增速	城市	年均增速	城市	年均增速	城市	年均增速	城市	年均增速	城市	年均增速
焦作市	11.63	湘潭市	12.67	河源市	11.11	重庆市	14.45	曲靖市	11.79	平凉市	41.63
濮阳市	11.67	衡阳市	12.64	阳江市	10.99	成都市	12.83	玉溪市	11.81	酒泉市	11.83
许昌市	11.63	邵阳市	12.78	清远市	11.91	自贡市	12.75	保山市	11.86	庆阳市	11.50
漯河市	11.71	岳阳市	12.66	东莞市	10.83	攀枝花市	12.84	昭通市	11.88	定西市	11.33
三门峡市	11.94	常德市	12.65	中山市	10.82	泸州市	12.89	丽江市	11.98	陇南市	11.16
南阳市	11.91	张家界市	12.66	潮州市	10.72	德阳市	12.94	思茅市	11.94	西宁市	12.30
商丘市	11.66	益阳市	12.66	揭阳市	11.30	绵阳市	12.89	临沧市	12.13	银川市	11.56
信阳市	11.60	郴州市	12.69	云浮市	10.74	广元市	12.82	西安市	13.41	石嘴山市	11.56
周口市	11.60	永州市	12.73	南宁市	12.49	遂宁市	12.77	铜川市	13.43	吴忠市	11.68
驻马店市	11.59	怀化市	12.65	柳州市	12.51	内江市	13.04	宝鸡市	13.36	固原市	11.55
武汉市	12.77	娄底市	12.66	桂林市	12.59	乐山市	12.79	咸阳市	13.37	中卫市	11.52
黄石市	12.89	广州市	10.76	梧州市	12.55	南充市	12.86	渭南市	13.62	乌鲁木齐市	11.15
十堰市	12.83	韶关市	10.77	北海市	12.66	眉山市	12.75	延安市	13.49	克拉玛依市	12.46
宜昌市	13.17	深圳市	10.76	防城港市	12.95	宜宾市	12.78	汉中市	13.36		
襄阳市	13.35	珠海市	10.77	钦州市	12.51	广安市	12.75	榆林市	17.89		
鄂州市	12.89	汕头市	10.88	贵港市	12.51	达州市	12.79	安康市	13.37		

3.2.3 测算结果分析

1. 整体分析

图 3-4 显示了我国 285 个地级市 2006—2014 年全要素生产率的变动情况，可以看出，这期间全要素生产率整体是不断下降的，2006 年最高，为9.243 4%，之后持续下降，2009 年和 2010 年下降速度最快，分别下降了2.247 1和 2.352 5%，到 2012 年全要素生产率仅为 0.967 99%，而 2013 年则出现了轻微的衰退，为-0.058 0%；2014 年出现了反弹，285 个地级市全要素生产率平均增速为 1.678 0%。9 年样本期间，全要素生产率年均增长 3.89%。从全要素生产率的分解来看，技术进步年均增长 1.31%，技术效率则年均增长了 6.3%，技术效率的贡献大于技术进步的贡献。而从各个年份的比较来看，2006 年技术效率增长幅度较大，而自 2008 年以后技术进步基本都是大于技术效率的增长幅度的。

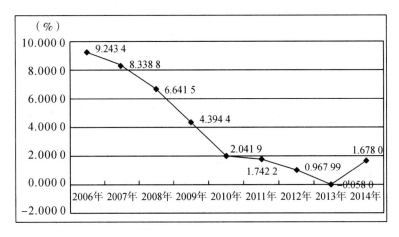

图 3-4　285 个城市 2006—2014 年全要素生产率

2. 八大区域横向和纵向比较

由于我国各地区经济发展水平、资源禀赋、产业结构、自然地理环境等差异较大，从全国整体分析全要素生产率难以反映各个地区之间的差异。因此，现根据区位将 285 个样本地级城市划分为八个区域，分别为：东北地区（辽宁、吉林、黑龙江）、北部沿海地区（北京、天津、河北、山东）、东部沿海地区（上海、江苏、浙江）、南部沿海地区（福建、广东、海南）、黄河中游地区（陕西、山西、河南、内蒙古）、长江中游地区（湖北、湖南、江西、安徽）、西南地区（云南、贵州、四川、重庆、广西）、西北地区（甘肃、青海、宁夏、新疆）。并对不同区域以及各个区域内部城市之间全要素生产率的增长差异进行比较分析。

表 3-3 显示了我国八大区域 2006—2014 年全要素生产率的增长情况。可以看出，不同区域全要素生产率年均增长率差异较大，年均增长排名前三位的地区分别是：北部沿海地区（6.1%）、黄河中游地区（5.6%）、南部沿海地区（5.0%）。排名后三位的地区则分别是：西北地区（2.1%）、西南地区（3.1%）、长江中游地区（3.5%）。东北地区、东部沿海地区和长江中游地区排名居中。整体而言，东部地区全要素生产率年均增长率大于中西部地区。

从八大区域全要素生产率差异的变动趋势来看，各个区域之间全要素生产率增长差异逐渐缩小，变异系数由 2006 年的 0.034 逐渐下降为 2014 年的 0.024；而以极差表示的变异值则由 2006 年的 0.106 逐渐下降为 2014 年的 0.033。可以看出，各个区域之间全要素生产率的差异在逐渐缩小。

表 3-3　　　　　　八大区域 2006—2014 年全要素生产率

八大区域	2006 年	2008 年	2010 年	2012 年	2014 年	平均值
北部沿海地区	1.116	1.123	1.039	1.011	1.009	1.061
黄河中游地区	1.109	1.047	1.02	1.027	1.018	1.056
东北地区	1.116	1.085	1.008	0.999	1.015	1.044
东部沿海地区	1.06	1.044	1.036	1.046	1.042	1.043
长江中游地区	1.087	1.063	0.977	1.005	1.010	1.035
南部沿海地区	1.097	1.063	1.069	1.001	1.021	1.05
西南地区	1.057	1.037	1.015	0.982	1.026	1.031
西北地区	1.01	1.059	0.985	0.977	1.011	1.021
平均值	1.081	1.065	1.018	1.006	1.019	1.043
变异系数	0.034	0.026	0.029	0.023	0.024	——
极差	0.106	0.085	0.092	0.07	0.033	——

图 3-5 则显示了八大区域内部各城市之间全要素生产率的变异系数，可以看出，不同区域内部各城市之间的全要素生产率差异演变趋势不同，从 2006 年和 2014 年的比较来看，北部沿海地区和东北地区的全要素生产率差异演变趋势出现了轻微扩大，而东部沿海地区、长江中游地区、黄河中游地区、西南地区、南部沿海地区和西北地区则逐渐缩小。

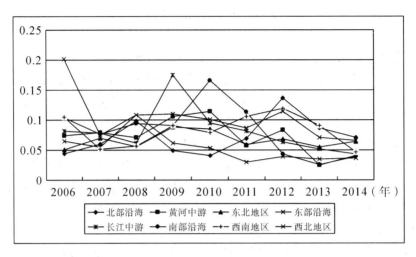

图3-5　八大区域内部各城市之间全要素生产率变异系数

3. 每个区域的分析

（1）北部沿海地区。该地区包括北京、天津、河北、山东两市两省，共计30个城市，土地总面积为37万平方千米。该地区地理位置优越，交通便捷，科技教育文化事业发达，在对外开放中成绩显著，是我国三大经济圈之一，全要素生产率年均增长率达到6.1%，在八大区域中排名第一位。从各个年份的比较来看，增长最快的年份为2008年，各个城市全要素生产率平均增长12.25%，最低的年份是2011年，30个城市全要素生产率平均增长率仅为0.36%。从北部沿海地区内部各城市比较来看，全要素生产率年均增长率排名前五位的城市分别是：菏泽市（14.25%）、潍坊市（10.58%）、德州市（9.61%）、青岛市（8.67%）、聊城市（8.59%），5个城市均为山东省所属。年均增长率排名后五位的城市则分别是：张家口（2.01%）、邢台市（2.16%）、威海市（3.19%）、沧州市（4.15%）、衡水市（4.26%），主要为河北省所属城市。

北部沿海地区30个城市之间全要素生产率的变异系数值经历了"上升—下降—上升"的波浪式变动，但整体是不断上升的，由2006年的0.044逐渐上升到2014年的0.071，变异系数的逐渐增大说明了北部沿海地区各城市间的差异是逐步扩大的。

表 3-4　北部沿海地区 30 个地级市 2006—2014 年全要素生产率均值

城市	TFP	城市	TFP	城市	TFP
北京市	1.077	沧州市	1.043	济宁市	1.074
天津市	1.051	廊坊市	1.051	泰安市	1.081
石家庄市	1.053	衡水市	1.044	威海市	1.031
唐山市	1.061	济南市	1.062	日照市	1.069
秦皇岛市	1.047	青岛市	1.077	莱芜市	1.042
邯郸市	1.051	淄博市	1.075	临沂市	1.075
邢台市	1.023	枣庄市	1.062	德州市	1.094
保定市	1.046	东营市	1.071	聊城市	1.081
张家口市	1.027	烟台市	1.068	滨州市	1.082
承德市	1.080	潍坊市	1.121	菏泽市	1.140

（2）黄河中游地区。包括陕西、山西、河南、内蒙古四个省份及自治区，共计 47 个城市，土地总面积 160 万平方千米。这一地区自然资源尤其是煤炭和天然气资源丰富，地处内陆地区，对外开放相对落后，但随着我国西部大开发战略和中部崛起战略的实施，这些地区依托于原有资源禀赋，经济发展相对较快，因此，不考虑环境因素时，全要素生产率年均增长率达到了 5.6%，在八大区域中排名第二位。

该地区 2006 年城市全要素生产率增长最快，为 10.9%，最慢的为 2010 年的 2.0%。从各个城市全要素生产率的增长率排名来看，排名前五位的城市分别是：鄂尔多斯市（19.15%）、榆林市（17.69%）、乌兰察布市（15.99%）、通辽市（14.04%）、呼伦贝尔市（12.02%）。排名后五位的城市分别是：商洛市（0.44%）、南阳市（0.47%）、驻马店市（0.91%）、临汾市（1.02%）、大同市（1.08%）。可以看出，各个城市全要素生产率年均增幅差异较大，最快的鄂尔多斯市是最慢的商洛市的约 44 倍。

从内部各城市之间差异的变动趋势来看，整体而言，变异系数也是不断扩大的，由 2006 年的 0.074 逐步扩大到 2010 年的最高值 0.114，之后又有所缩小，到 2012 年为 0.041。

表 3-5　黄河中游地区 47 个地级市 2006—2014 年全要素生产率均值

城市	TFP	城市	TFP	城市	TFP	城市	TFP
太原市	1.048	包头市	1.075	安阳市	1.063	驻马店市	1.009
大同市	1.011	乌海市	1.120	鹤壁市	1.019	西安市	1.044
阳泉市	1.023	赤峰市	1.107	新乡市	1.068	铜川市	1.071
长治市	1.062	通辽市	1.140	焦作市	1.015	宝鸡市	1.060
晋城市	1.077	鄂尔多斯市	1.191	濮阳市	1.021	咸阳市	1.102
朔州市	1.090	呼伦贝尔市	1.120	许昌市	1.038	渭南市	1.026
晋中市	1.033	巴彦淖尔市	1.075	漯河市	1.034	延安市	1.054
运城市	1.027	乌兰察布市	1.160	三门峡市	1.085	汉中市	1.034
忻州市	1.061	郑州市	1.057	南阳市	1.005	榆林市	1.177
临汾市	1.010	开封市	1.027	商丘市	1.041	安康市	1.026
吕梁市	1.114	洛阳市	1.036	信阳市	1.030	商洛市	1.004
呼和浩特市	1.064	平顶山市	1.028	周口市	1.027	均　值	1.056

（3）东北地区。包括辽宁、吉林、黑龙江三省，共计 34 个地级市，土地总面积约 79 万平方千米。东北地区是我国传统的工业基地，既拥有丰富的自然资源，也拥有一定的物质技术基础。改革开放以来，我国东部优先开放发展战略的实施，使得东北地区继续以计划价格供应东部沿海地区经济发展所需的大量原材料及其设备，为经济发展做出了新的贡献。从当前经济发展现状来看，东北地区经济持续快速发展，产业结构不断优化调整，装备制造业发展水平不断提高，但也面临着产业结构单一、环境恶化、资源型城市转型困难、装备制造业产能过剩等诸多问题。

从 34 个地级市全要素生产率增长情况来看，2006—2014 年年均增长 4.4%，在八大区域中排名第四位。而从时间趋势看，东北地区各城市全要素生产率年均增长率是不断下降的，最高的是 2006 年的 11.6%，之后不断下降，到 2011 年和 2012 年，出现了明显的衰退，全要素生产率分别下降 0.3% 和 0.1%，说明了近几年来，东北地区经济增长主要是物质投入所推动。

从内部 34 个城市的比较来看，全要素生产率排名前五位的城市分别是：吉林市（11.72%）、辽源市（10.17%）、大庆市（8.85%）、长春市（8.39%）、沈阳市（8.26%）。排名后五位的城市分别是：伊春市（-2.09%）、佳木斯市（-0.44%）、四平市（0.79%）、葫芦岛市（0.88%）、

锦州市（0.98%）。进一步从各城市之间的变异系数看，2006 年变异系数值为
0.051，到 2009 年达到最大值为 0.088，之后有所下降，到 2012 年变为 0.068，
相较于 2006 年，各城市之间的全要素生产率差异虽有所扩大，但扩大幅度并
不大。

表 3-6　东北地区 34 个地级市 2006—2014 年全要素生产率均值

城市	TFP	城市	TFP	城市	TFP
沈阳市	1.083	朝阳市	1.037	鸡西市	1.032
大连市	1.062	葫芦岛市	1.009	鹤岗市	1.067
鞍山市	1.030	长春市	1.084	双鸭山市	1.064
抚顺市	1.040	吉林市	1.117	大庆市	1.089
本溪市	1.076	四平市	1.008	伊春市	0.979
丹东市	1.062	辽源市	1.102	佳木斯市	0.996
锦州市	1.010	通化市	1.049	七台河市	1.078
营口市	1.051	白山市	1.037	牡丹江市	1.028
阜新市	1.062	松原市	1.058	黑河市	1.035
辽阳市	1.034	白城市	1.056	绥化市	1.029
盘锦市	1.037	哈尔滨市	1.023	均值	1.045
铁岭市	1.052	齐齐哈尔市	1.024		

（4）东部沿海地区。包括上海、江苏、浙江一市两省，共计 25 个城市，
土地总面积约为 21 万平方千米。其中，上海市是我国的经济、金融、贸易和
航运中心之一，有力地带动了"长三角"地区乃至整个长江流域经济的发展。
以上海为龙头的江苏、浙江经济带则构成了我国的三大经济圈之一——长三角
经济圈。东部沿海地区地理位置优越、人力资本丰富、经济开放先行，再加上
传统的经济基础，使该地区成为我国目前经济总量规模最大、经济发展速度最
快、最具有发展潜力的经济板块。

从 25 个地级市全要素生产率增长情况看，2006—2014 年年均增长 4.3%，
在八大区域中排名第五位，2006 年增长速度最快，达到 6.0%，2010 年和
2011 年增长速度最慢，但仍达到了 3.6%，远远超过其他地区金融危机后的经
济增长绩效，可以看出，相较于其他地区而言，东部沿海地区全要素生产率年
均增速是最为稳定的，这也充分反映了该地区经济增长的抗冲击性。

从内部 25 个城市的比较来看，全要素生产率排名前五位的城市分别是：丽水市（10.19%）、上海市（7.54%）、徐州市（6.90%）、南通市（6.64%）、连云港市（6.60%）。排名后五位的城市则分别是：湖州市（0.69%）、宁波市（1.73%）、温州市（1.92%）、绍兴市（2.06%）、杭州市（2.10%）。增长最快的丽水市是最慢的湖州市的约 14.76 倍，说明了东部沿海地区内部各城市之间全要素生产率年均增幅也存在较大差异。进一步从各城市之间的变异系数看，2006 年变异系数值为 0.065，到 2008 年达到最大值为 0.108，之后不断下降，到 2012 年变为 0.039。整体而言，各城市之间的全要素生产率差异随着时间的演变而不断缩小。

表 3-7　东部沿海地区 25 个地级市 2006—2014 年全要素生产率均值

城市	TFP	城市	TFP	城市	TFP	城市	TFP
上海市	1.075 4	连云港市	1.066 0	杭州市	1.021 0	衢州市	1.044 8
南京市	1.049 4	淮安市	1.044 2	宁波市	1.017 3	舟山市	1.044 1
无锡市	1.034 1	盐城市	1.051 5	温州市	1.019 2	台州市	1.031 5
徐州市	1.069 0	扬州市	1.055 6	嘉兴市	1.060 5	丽水市	1.101 9
常州市	1.048 7	镇江市	1.038 1	湖州市	1.006 9	均值	1.043 0
苏州市	1.045 0	泰州市	1.046 5	绍兴市	1.020 6		
南通市	1.066 4	宿迁市	1.031 3	金华市	1.040 3		

（5）长江中游地区。包括湖北、湖南、江西、安徽四个省份，共计 52 个地级市，土地总面积大约为 68 万平方千米。长江中游地区经济发展虽然也在改革开放后的三十多年里取得了长足进步，但与沿海地区相比较，两者的绝对差距在不断扩大；而与西部地区省份相比，差距却在不断缩小，同时，近邻的重庆等地区经济高速发展，长江中游地区面临着明显的"中部凹陷"的问题。国家中部崛起战略，以及长江中游各个省份城市群、经济带战略的实施，例如武汉城市群、长株潭一体化建设发展规划等，有效地促进了中部地区尤其是长江中游地区经济的发展。

从 52 个地级市全要素生产率增长情况看，2006—2014 年年均增长 3.5%，在八大区域中排名第六位，2006 年增长速度最快，达到 8.7%，之后不断下降，2010 年增长速度最慢，衰退-2.3%，2013 年和 2014 年也仅分别为 0.5%和 0.4%，可以看出，长江中游地区城市全要素生产率增长率总体是不断下降的。

通过长江中游地区 52 个城市的对比分析看，全要素生产率年均增幅排名前五位的城市分别是：新余市（19.32%）、池州市（12.18%）、合肥市（10.59%）、宜春市（8.83%）、铜陵市（8.83%）。排名后五位的城市都出现了年均衰退的情况，分别是：随州市（-3.43%）、滁州市（-1.63%）、亳州市（-1.31%）、孝感市（-0.51%）、荆州市（-0.47%）。增长最快的新余市是最慢的几个城市的 20 多倍，说明了长江中游地区内部各城市之间全要素生产率年均增幅也存在较大差异。进一步从 52 个城市之间的变异系数看，2009 年各城市之间的差异较大，变异系数值为 0.175，而其他年份则明显较低且相对稳定。

表 3-8　长江中游地区 52 个地级市 2006—2014 年全要素生产率均值

城市	TFP	城市	TFP	城市	TFP	城市	TFP
合肥市	1.106	亳州市	0.987	上饶市	1.040	长沙市	1.084
芜湖市	1.078	池州市	1.122	武汉市	1.061	株洲市	1.024
蚌埠市	1.008	宣城市	1.003	黄石市	1.014	湘潭市	1.054
淮南市	1.047	南昌市	1.042	十堰市	1.015	衡阳市	1.032
马鞍山市	1.051	景德镇市	1.056	宜昌市	1.063	邵阳市	1.011
淮北市	1.016	萍乡市	1.009	襄阳市	1.022	岳阳市	1.039
铜陵市	1.088	九江市	1.027	鄂州市	1.030	常德市	1.024
安庆市	1.055	新余市	1.193	荆门市	1.027	张家界市	1.071
黄山市	1.037	鹰潭市	1.068	孝感市	0.995	益阳市	1.035
滁州市	0.984	赣州市	1.022	荆州市	0.995	郴州市	1.032
阜阳市	1.065	吉安市	1.026	黄冈市	1.064	永州市	1.019
宿州市	1.011	宜春市	1.088	咸宁市	1.026	怀化市	1.017
六安市	1.024	抚州市	1.014	随州市	0.966	娄底市	1.064

（6）南部沿海地区。包括福建、广东、海南三省，土地总面积 33 万平方千米，包含 32 个地级市。南部沿海地区地理位置紧邻港、澳、台，对外开放程度相对较高。广东省是我国最早对外开放的省份之一，其发展速度、经济规模、社会消费品零售总额、工业增加值、财政收入、固定资产投资等均居全国前列。而同区域的福建省和海南省经济发展相对要落后，福建省经济总量占广东省经济总量的比重由 2010 年的 32%增长到 2013 年的 35%，地区人均生产总

值则由89%增长到99%。而海南省经济总量则仅占广东省经济总量的5%，地区人均生产总值由2010年的53%增长到2013年的60%。整体而言，福建省和海南省与广东省之间的差距在缩小。

从南部沿海地区2006—2014年全要素生产率增长情况看，32个地级市年均增长5.0%，在八大区域中位列第三位。其中，2006年增长速度最快，达到9.7%，之后不断下降，2011年增长速度最慢，衰退-0.1%，2012年仅为0.1%。整体而言，南部沿海地区城市全要素生产率增长率也不断下降。

进一步从该区域内部各城市的比较来看，全要素生产率年均增幅排名前五位的城市分别是：佛山市（20.14%）、梅州市（9.24%）、中山市（8.31%）、河源市（8.24%）、深圳市（7.99%）。排名后五位的城市分别为：东莞市（-4.62%）、揭阳市（0.53%）、江门市（2.16%）、莆田市（2.32%）、龙岩市（3.00%），只有东莞市出现了全要素生产率增长率递减的情况。从32个城市之间的变异系数看，2006年各城市之间的差异较大，变异系数值为0.104，之后有先扩大后缩小的趋势，到2014年为0.039。

表3-9　南部沿海地区32个地级市2006—2014年全要素生产率均值

城市	TFP	城市	TFP	城市	TFP	城市	TFP
福州市	1.033	宁德市	1.041	湛江市	1.065	清远市	1.067
厦门市	1.036	广州市	1.051	茂名市	1.074	东莞市	0.954
莆田市	1.023	韶关市	1.038	肇庆市	1.079	中山市	1.083
三明市	1.057	深圳市	1.080	惠州市	1.050	潮州市	1.080
泉州市	1.045	珠海市	1.045	梅州市	1.092	揭阳市	1.005
漳州市	1.062	汕头市	1.064	汕尾市	1.072	云浮市	1.044
南平市	1.058	佛山市	1.201	河源市	1.082	海口市	1.044
龙岩市	1.030	江门市	1.022	阳江市	1.038	三亚市	1.063

（7）西南地区。包括云南、贵州、四川、重庆、广西三省一市一自治区，土地总面积大约为134万平方千米，包含45个地级市。这一地区地处偏远，土地贫瘠，贫困人口多，对南亚开放有着较好的条件。西南地区虽然腹地广阔，水能、矿产、旅游等资源富集，但由于交通建设相对落后，导致长期以来经济发展处于缓慢增长的状态，是我国经济发展最为落后的地区之一。随着20世纪90年代末期西部大开发战略的实施和成渝经济区建设，以及广西、云南等省份、自治区对南亚开放的力度不断增强，西南地区经济增速明显加快。

从 45 个地级市全要素生产率增长情况看，2006—2014 年年均增长 3.1%，在八大区域中排名倒数第二位，2007 年增长速度最快，达到 7.3%，2013 年增长速度最慢，仅为 -1.8%。同其他地区一样，西南地区城市全要素生产率增长率也是不断下降的。

从内部 45 个城市的比较来看，全要素生产率年均增幅排名前五位的城市分别是：遵义市（8.52%）、贵港市（7.53%）、乐山市（7.48%）、重庆市（7.18%）、广安市（7.09%）。排名后五位的城市分别是：北海市（-1.64%）、防城港市（-0.89%）、安顺市（-0.58%）、来宾市（-0.46%）、巴中市（0.03%），北海市、防城港市、安顺市、来宾市四个城市出现了全要素生产率的倒退。从各城市之间的变异系数看，2006 年变异系数值为 0.105，之后不断下降，而到 2011 年和 2012 年分别变为 0.106 和 0.119，说明城市之间的差异出现了先缩小后扩大的趋势。

表 3-10　西南地区 45 个地级市 2006—2014 年全要素生产率均值

城市	TFP	城市	TFP	城市	TFP	城市	TFP
南宁市	1.061	来宾市	0.995	乐山市	1.075	安顺市	0.994
柳州市	1.002	崇左市	1.024	南充市	1.040	昆明市	1.023
桂林市	1.045	重庆市	1.072	眉山市	1.019	曲靖市	1.044
梧州市	1.032	成都市	1.055	宜宾市	1.049	玉溪市	1.042
北海市	0.984	自贡市	1.019	广安市	1.071	保山市	1.047
防城港市	0.991	攀枝花市	1.042	达州市	1.022	昭通市	1.031
钦州市	1.056	泸州市	1.051	雅安市	1.042	丽江市	1.058
贵港市	1.075	德阳市	1.010	巴中市	1.000	思茅市	1.035
玉林市	1.017	绵阳市	1.006	资阳市	1.059	临沧市	1.032
百色市	1.027	广元市	1.004	贵阳市	1.035		
贺州市	1.055	遂宁市	1.037	六盘水市	1.049		
河池市	1.023	内江市	1.066	遵义市	1.085		

（8）西北地区。包括甘肃、青海、宁夏、西藏和新疆五个省份及自治区，土地总面积约为 398 万平方千米，由于西藏各城市数据缺失不在研究之列，故其他四个省份所包括的地级市数量为 20 个。西北地区长期以来由于自然条件恶劣、交通不畅、地处内陆，同样成为我国较为落后的地区之一。西部大开发

战略的实施，以及我国的向西开放政策使西北部省份成为开放的前沿，促进了西北地区经济的快速增长，而且丝绸之路经济带战略构想的不断推进，必将进一步加快西北地区产业结构的提档升级和经济的高速增长。

从西北地区2006—2014年全要素生产率增长情况来看，20个地级市年均增速仅为2.1%，在八大区域中增速最慢。其中，2007年增长速度最快，达到8.2%，2010年和2012年都出现了倒退，分别为-1.5%和-2.3%。

进一步从该区域内部各城市的比较来看，全要素生产率年均增幅排名前五位的城市分别是：酒泉市（10.16%）、嘉峪关市（9.48%）、乌鲁木齐市（8.50%）、庆阳市（6.61%）、吴忠市（6.21%）。排名后五位的城市分别为：平凉市（-14.67%）、定西市（-1.88%）、陇南市（-0.99%）、武威市（-0.15%）、金昌市（0.95%），平凉市、定西市、陇南市和武威市均出现了全要素生产率年均增长率递减的情况。从20个城市之间的变异系数看，2006年各城市之间的差异最大，变异系数值为0.202，之后呈现先缩小后扩大的趋势，2014年为0.066。

表3-11   西北地区20个地级市2006—2014年全要素生产率均值

城市	TFP	城市	TFP	城市	TFP	城市	TFP
兰州市	1.036	武威市	0.999	定西市	0.981	吴忠市	1.062
嘉峪关市	1.095	张掖市	1.049	陇南市	0.990	固原市	1.031
金昌市	1.009	平凉市	0.853	西宁市	1.053	中卫市	1.028
白银市	1.048	酒泉市	1.102	银川市	1.057	乌鲁木齐市	1.085
天水市	1.045	庆阳市	1.066	石嘴山市	1.050	克拉玛依市	1.030

3.3   结论

本部分在对全要素生产率测度方法——Malmquist指数进行分析的基础上，选择了劳动力和资本两个投入要素，以各个地级市"年末单位从业人员数"和"城镇私营和个体从业人员"两类数据加总表示劳动要素投入量，以资本存量作为资本投入要素。以各城市的实际GDP作为产出变量。对我国285个地级市2006—2014年的全要素生产率进行了测算。研究结果表明：

（1）2006—2014年我国城市全要素生产率年均增速呈不断下降趋势。

2006 年最高，平均增长了 9.24%，之后持续下降，2009 年和 2010 年两个年份下降速度最快，分别下降了 2.25% 和 2.35%，到 2014 年全要素生产率仅增长了 1.67%。样本期间，全要素生产率年均增长 3.89%。从全要素生产率的分解来看，技术进步年均增长 1.31%，技术效率则年均增长了 6.3%，技术效率的贡献大于技术进步的贡献。而从各个年份的比较来看，2006 年技术效率增长幅度较大，而自 2008 年以后技术进步基本都是大于技术效率的增长幅度的。

（2）我国八大区域全要素生产率年均增长率差异较大。年均增长排名前三位的地区分别是北部沿海地区（6.1%）、黄河中游地区（5.6%）、南部沿海地区（5.0%）；排名后三位的地区则分别是西北地区（2.1%）、西南地区（3.1%）、长江中游地区（3.5%）。东北地区、东部沿海地区和长江中游地区排名居中。整体而言，东部地区全要素生产率年均增长率大于中西部地区。

（3）从八大区域全要素生产率差异的变动趋势来看，各个区域之间全要素生产率增长差异逐渐缩小，变异系数由 2006 年的 0.034 逐渐下降为 2014 年的 0.024；而以极差表示的变异值则由 2006 年的 0.106 逐渐下降为 2014 年的 0.033。可以看出，各个区域之间全要素生产率之间的差异在逐渐缩小。不同区域内部各城市之间的全要素生产率差异演变趋势不同，从 2006 年和 2014 年的比较来看，北部沿海地区和东北地区的全要素生产率差异演变趋势出现了轻微扩大，而东部沿海地区、黄河中游地区、西南地区、长江中游地区、南部沿海地区和西北地区则逐渐缩小。

第4章 中国主要城市环境全要素生产率增长

4.1 研究方法[①]

全要素生产率是衡量经济增长绩效的重要度量指标。但长期以来对全要素生产率的测算，仅仅是考察了利用投入要素获得"好"产出（例如GDP）的能力，并没有考虑到可能的"坏"产出（例如环境污染等），实际上是忽略了经济增长对社会福利的负面影响，难以反映出经济增长的真实绩效。例如上一章中通过Malmquist指数对全要素生产率的测度，并没有考虑环境问题。直到20世纪末期，才在模型中加入了有"坏"产出情况下全要素生产率的测算。Chung等人（1997）在测度瑞典纸浆厂的全要素生产率时，引入方向性距离函数，并对Malmquist指数进行修正，修正后的Malmquist指数也被称为Malmquist-Luenberger指数（以下简称ML指数），这个指数可以测度存在环境约束时的全要素生产率。近年来，国内一些学者已经采用ML指数对考虑环境因素的全要素生产率进行实证研究。

4.1.1 环境生产技术的数学表达

区域经济发展过程中，在实现"好"产出增加的同时，不可避免地要产生一些副产品，比如废水、废气等，称之为"坏"产出或者"非合意"产出。为实现资源、环境与经济的协调发展，需要将资源与环境等要素纳入生产函数中，构建既包括诸如GDP等"好"产出又包括环境污染等"坏"产出的生产

[①] 张建升. 环境约束下长江流域主要城市全要素生产率研究 [J]. 华东经济管理，2014（12）：59-63.

可能性集，即环境技术。假设一个城市为一个决策单元，各个城市使用 N 种投入 $X = (x_1, x_2, \cdots, x_N) \in R_+^N$，生产了 M 种"好"产出 $Y = (y_1, y_2, \cdots, y_N) \in R_+^M$，同时也生产了 I 种"坏"产出 $U = (u_1, u_2, \cdots, u_N) \in R_+^I$，则环境技术的生产可能性集为：

$$T = \left[(x, y, u) : (y, u \in p(x), x \in R_+^N) \right] \qquad (4-1)$$

生产可能性集 $p(x)$ 是一个有界的闭集，并具有以下特性：

（1）"好"产出与"坏"产出的联合弱可处置性（Jointly Weak Disposability）。如果 $(y, u) \in p(x)$，且 $0 \leq \theta \leq 1$，则 $(\theta y, \theta u) \in p(x)$，表明在既定投入水平下，当"坏"产出减少时，"好"产出也要相应地减少。

（2）投入与"好"产出的强可处置性（Strong or Free Disposability）。如果 $x' \leq x$，则 $p(x') \subseteq p(x)$；如果 $(y, u) \in p(x)$ 且 $y' \leq y$，则 $(y', u) \in p(x)$。意味着"好"产出可以自由支配，但"坏"产出却保持不变。

（3）"好"产出与"坏"产出的零结合性（Null-Jointness）。如果 $(y, u) \in p(x)$，且 $b = 0$，那么 $y = 0$。表明在产生"好"产出的同时，不可避免地产生"坏"产出。根据 Fare 等学者的研究，$p(x)$ 满足零结合性，还需满足以下两个条件：

$$\sum_{i=1}^{K} u_{ki} > 0, i = 1, \cdots, I \qquad (4-2)$$

$$\sum_{i=1}^{I} u_{ki} > 0, k = 1, \cdots, K \qquad (4-3)$$

式（4-2）表示至少一个生产单位在生产一种且"坏"产出；式（4-3）表示每一个生产单位至少生产一种"坏"产出。

4.1.2 方向性距离函数

为实现区域经济增长过程中，"好"产出增加且"坏"产出减少的目标，本书引入方向性距离函数来表示。方向性距离函数表示在既定方向 $g = (g_y, -g_b)$、投入 x 和生产可能性集 $p(x)$ 下，"好"产出保持一定比例增加的同时，"坏"产出同比例减少的可能性。定义为：

$$\vec{D}_0^t(x^t, y^t, u^t; g_y, -g_u) = \sup[\beta : (y^t + \beta g_y, u^t - \beta g_u) \in p^t(x^t)] \quad (4-4)$$

式（4-4）是 t 时期内的方向性距离函数，比较的是 (y^t, u^t) 和 t 期的生产前沿，即每一产出在当期的方向性距离函数，$g = (g_y, -g_u)$ 为方向向量。而事实上，Shephard 的产出距离函数是方向性距离函数的一种特殊情况，两种距离函数的关系可以表示为：

$$\overrightarrow{D_0^t}(x^t, y^t, u^t; g^t) = (1/D^t(x^t, y^t, u^t)) - 1 \qquad (4-5)$$

如果将"好"产出与"坏"产出同等对待，要求两者按相同比例增加或减少，此时的方向向量是中性的 $g = (y, -u)$。生产单位 $k'(x_k^t, y_k^t, u_k^t)$ 在 t 时期的方向性距离函数可通过数据包络分析转化为线性规划求解：

$$\overrightarrow{D_0^t}(x_{k'}^t, y_{k'}^t, u_{k'}^t; y_{k'}^t, -u_{k'}^t) = \max\beta$$

$$s.\ t.\ \sum_{k=1}^{K} z_k^t y_{km}^t \geqslant (1+\beta)y_{k'm}^t, \ m = 1, \cdots, M$$

$$\sum_{k=1}^{K} z_k^t u_{ki}^t = (1-\beta)u_{k'i}^t, \ i = 1, \cdots, I$$

$$\sum_{k=1}^{K} z_k^t x_{kn}^t \leqslant x_{k'n}^t, \ n = 1, \cdots, N; z_k^t \geqslant 0, k = 1, \cdots, K \qquad (4-6)$$

4.1.3 Malmquist-Luenberger（ML）生产率指数

在方向性距离函数基础上，根据 Chung 等人（1997）的研究，基于产出的从 t 时期到 $t+1$ 时期的 ML 生产率指数可通过四个方向性距离函数的求解得出：

$$ML_t^{t+1} = \left[\frac{1 + \overrightarrow{D_0^t}(x^t, y^t, u^t; y^t, -u^t)}{1 + \overrightarrow{D_0^t}(x^{t+1}, y^{t+1}, u^{t+1}; y^{t+1}, -u^{t+1})} \times \frac{1 + \overrightarrow{D_0^{t+1}}(x^t, y^t, u^t; y^t, -u^t)}{1 + \overrightarrow{D_0^{t+1}}(x^{t+1}, y^{t+1}, u^{t+1}; y^{t+1}, -u^{t+1})} \right]^{1/2}$$

$$(4-7)$$

如果 ML 指数大于 1，表明从 t 时期到 $t+1$ 时期的生产率是增长的，反之则下降。

进一步将 ML 指数分解为效率变化指数（MLEFFCH）和技术进步指数（MLTECH）：

$$ML_t^{t+1} = MLEFFCH_t^{t+1} \times MLTECH_t^{t+1} \qquad (4-8)$$

$$MLEFFCH_t^{t+1} = \frac{1 + \overrightarrow{D_0^t}(x^t, y^t, u^t; y^t, -u^t)}{1 + \overrightarrow{D_0^{t+1}}(x^{t+1}, y^{t+1}, u^{t+1}; y^{t+1}, -u^{t+1})} \qquad (4-9)$$

$$MLTECH_t^{t+1} = \sqrt{\frac{1 + \overrightarrow{D_0^{t+1}}(x^t, y^t, u^t; y^t, -u^t)}{1 + \overrightarrow{D_0^t}(x^t, y^t, u^t; y^t, -u^t)} \times \frac{1 + \overrightarrow{D_0^{t+1}}(x^{t+1}, y^{t+1}, u^{t+1}; y^{t+1}, -u^{t+1})}{1 + \overrightarrow{D_0^t}(x^{t+1}, y^{t+1}, u^{t+1}; y^{t+1}, -u^{t+1})}}$$

$$(4-10)$$

如果效率变化指数（MLEFFCH）大于 1，表明决策单元在向生产前沿面靠近，效率得到提升，反之则说明决策单元在远离生产前沿面。技术进步指数

（MLTECH）大于 1，说明决策单元生产技术进步，反之则表明技术退步。

4.2 环境约束下的省级全要素生产率测算

在本部分研究中，首先利用 ML 指数对我国省级全要素生产率进行测算，然后对我国 285 个地级市以及长江流域主要城市环境约束下的城市全要素生产率进行分析，并与不考虑环境因素的测算结果进行对比分析。

4.2.1 数据说明

采用中国 30 个地区 2001—2014 年的数据。投入指标包括资本存量、劳动力；产出指标包括地区生产总值和二氧化硫。其中，资本存量采用"永续盘存法"（Perpetual inventory method）进行计算，计算公式为：$K_{it} = K_{it-1}(1-\delta) + I_{it}/P_{it}$，$\delta$ 为折旧率，取值为 10%。基年资本存量借鉴 Young（2000）的方法，以 2000 年固定资产投资总额除以 10% 作为初始资本存量。采用各省份的固定资产投资价格指数折算为 2000 年不变价。劳动力为各地区从业人员数。地区生产总值数据折算为 2000 年不变价。对于"坏"产出，目前常用的指标包括二氧化碳、二氧化硫、化学需氧量、废水排放量等，由于数据获取的限制，本书采用 SO_2 排放量作为"坏"产出。2001—2014 年 30 个地区劳动力、资本、生产总值、二氧化硫排放量四个指标处理后数据平均值如表 4-1 所示：

表 4-1　　　　2001—2014 年 30 个地区各变量的平均值

地区	劳动力	资本	生产总值	二氧化硫
北　京	858.81	18 168.05	4 944.30	9.58
天　津	586.85	10 386.44	3 886.92	21.00
河　北	3 617.20	28 564.27	9 840.35	117.56
山　西	1 538.82	10 682.92	3 430.77	107.03
内蒙古	1 089.6	12 046.86	3 874.61	104.93
辽　宁	2 154.13	24 731.42	9 485.20	83.88
吉　林	1 243.84	11 737.60	3 712.19	27.02
黑龙江	1 757.62	12 797.78	6 179.07	35.32
上　海	966.73	23 066.31	8 985.87	30.83

表4-1(续)

地区	劳动力	资本	生产总值	二氧化硫
江 苏	4 599.21	47 211.97	18 462.88	112.26
浙 江	3 196.59	36 005.70	12 612.93	69.47
安 徽	3 738.99	16 740.91	5 897.22	45.03
福 建	1 950.31	16 923.05	7 820.87	33.89
江 西	2 290.68	11 955.14	4 045.20	44.79
山 东	5 920.35	45 729.71	18 272.99	151.46
河 南	5 742.67	26 731.81	10 283.03	112.69
湖 北	3 538.03	20 237.84	8 331.34	55.84
湖 南	3 802.67	16 793.14	7 239.47	66.84
广 东	4 982.77	45 001.42	20 636.91	104.77
广 西	2 723.67	11 378.48	4 083.88	81.04
海 南	387.33	2 702.84	707.81	2.31
重 庆	1 525.90	11 662.78	3 275.76	61.96
四 川	4 714.00	22 430.91	8 075.64	99.85
贵 州	2 204.98	6 576.44	1 907.83	70.72
云 南	2 517.75	10 807.32	3 473.06	41.19
陕 西	1 961.00	12 576.53	3 529.73	71.54
甘 肃	1 479.28	6 321.05	1 850.68	42.41
青 海	295.20	2 307.15	543.87	8.86
宁 夏	303.47	2 675.32	520.94	27.55
新 疆	793.40	8 592.15	2 471.77	38.09

从表4-1来看,样本期间,全国劳动力平均数量为2 416.06万人,资本存量均值为17 784.78亿元,国内生产总值均值为6 612.77亿元,二氧化硫排放量为62.677万吨。劳动力总量居前的省份主要有山东、河南、广东、四川和江苏,这几个省份是我国的人口大省。而资本存量和地区生产总值均值较高的省份则主要是东部经济发达地区,两个指标排名前四位的省份都是江苏、广东、山东和浙江。二氧化硫排放量均值排名前五位的省份分别是:山东、河北、河南、江苏和山西。其中:山东、江苏、河北三个地区经济较为发达,工

业总量大，污染排放相对较多；山西、河南则属于典型的煤炭矿产资源富集区域，相关的火力发电以及炼焦业等高污染行业使二氧化硫排放量较大。

4.2.2 测算结果分析

根据以上方法，应用中国2001—2014年30个地区的数据进行实证分析，结果见表4-2和图4-1。表4-2显示了2001—2014年考虑环境因素和不考虑环境因素两种情形下的中国各地区全要素生产率指数（Malmquist index）、技术进步（TECH）和技术效率（EFFCH）。图4-1显示了考虑环境因素时，在不同年份的全要素生产率、技术进步和技术效率。

表4-2 2001—2014年中国各地区TFP及其分解：地区差异

地区	考虑环境因素			不考虑环境因素		
	ML	MLEFFCH	MLTECH	M	EFFCH	TECH
北　京	1.093	1.001	1.092	1.044	0.979	1.066
天　津	1.043	0.989	1.055	1.023	0.973	1.051
河　北	1.003	0.952	1.054	1.035	0.981	1.055
山　西	0.961	1.019	0.943	1.022	0.975	1.048
内蒙古	0.986	0.952	1.036	1.031	0.971	1.062
辽　宁	1.121	1.005	1.115	1.061	0.974	1.089
吉　林	1.028	0.986	1.043	1.046	0.991	1.056
黑龙江	1.011	0.987	1.024	1.033	0.992	1.041
上　海	1.085	1.012	1.072	1.086	1.005	1.081
江　苏	1.148	1.012	1.134	1.096	1.011	1.084
浙　江	1.067	0.996	1.071	1.070	0.989	1.082
安　徽	0.973	0.931	1.045	1.012	0.971	1.042
福　建	1.015	0.975	1.041	0.992	0.943	1.052
江　西	1.005	0.955	1.052	1.002	0.971	1.032
山　东	1.064	1.012	1.051	1.064	0.987	1.078
河　南	0.995	0.942	1.056	1.012	0.971	1.042
湖　北	1.034	0.996	1.038	1.022	0.984	1.039
湖　南	1.002	0.979	1.023	1.033	0.991	1.042

表4-2(续)

地区	考虑环境因素			不考虑环境因素		
	ML	MLEFFCH	MLTECH	M	EFFCH	TECH
广　东	1.089	1.006	1.083	1.098	1.006	1.091
广　西	0.893	0.942	0.948	0.986	0.956	1.031
海　南	0.983	0.943	1.042	0.993	0.951	1.044
重　庆	1.033	0.991	1.042	1.001	0.951	1.053
四　川	0.994	0.966	1.029	1.006	0.966	1.041
贵　州	1.063	1.031	1.031	0.979	0.945	1.036
云　南	1.031	0.981	1.051	0.971	0.942	1.031
陕　西	1.012	0.982	1.031	1.026	0.982	1.045
甘　肃	1.012	0.991	1.021	1.023	0.992	1.031
青　海	0.976	0.956	1.021	1.064	1.011	1.052
宁　夏	1.002	0.985	1.017	0.995	0.943	1.055
新　疆	0.970	0.941	1.031	1.024	0.976	1.049
东部地区	1.063	0.991	1.073	1.050	0.982	1.070
中部地区	0.999	0.972	1.028	1.024	0.980	1.045
西部地区	0.998	0.976	1.022	1.007	0.966	1.042
平均值	1.022	0.980	1.042	1.028	0.976	1.053

从表 4-2、图 4-1 可以看出：

（1）整体而言，中国各地区全要素生产率不断增长。2001—2014 年，环境约束下的中国各地区全要素生产率年均增长率为 2.2%，其中，技术进步年均提升 4.2%，而技术效率则出现恶化，年均下降 2.0%，说明技术进步是影响中国各地区全要素生产率增长的主要因素。

（2）从时间趋势来看，中国各地区全要素生产率增长速度逐渐下降。2001—2007 年，环境约束下的中国省域全要素生产率从年均增长 8.2% 逐渐下降到 2.4%，并且从 2008 年开始，全要素生产率出现明显下降，2008 年 TFP 下降 1.2%，2009 年下降 2.8%，2010 年下降 3.1%，2011 年下降 1.0%，之后，出现较为缓慢的提升，2014 年为 2.8%。从其分解来看，环境全要素生产率增速下降，其主要原因是技术进步增速下降。进入 21 世纪以来，中国在对

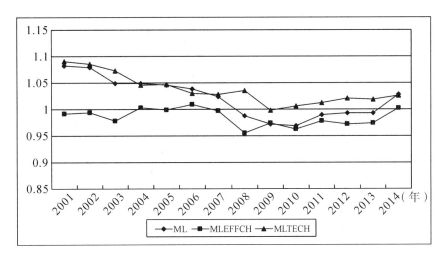

图 4-1　2001—2014 年各地区环境 TFP 及其分解：时间趋势

外开放中，不断吸收发达国家的新技术，实现了与发达国家间技术差距的不断缩小，而与此同时，习惯于引进新技术的中国企业缺乏自主创新的动力，使得技术进步速度变慢，因此，中国全要素生产率逐渐降低。到 2008 年后，由于金融危机的影响，使中国全要素生产率出现了明显下降。

（3）从区域差异来看，中国各地区全要素生产率年均增速差异较大。从环境约束下 TFP 年均增长率排名来看，前五位的地区依次是：江苏（14.8%）、辽宁（12.1%）、北京（9.3%）、广东（8.9%）、上海（8.5%）。后五位的地区依次是：广西（-10.7%）、山西（-3.9%）、新疆（-3.0%）、安徽（-2.7%）、青海（-1.4%）。不考虑环境因素时，全要素生产率年均增长率排名前五位的省份依次是：广东（9.8%）、江苏（9.6%）、上海（8.6%）、浙江（7.0%）、山东（6.4%）；排名后五位的地区依次是：云南（-2.9%）、贵州（-2.1%）、广西（-1.4%）、福建（-0.8%）、海南（-0.7%）。是否考虑环境因素，对于不同地区全要素生产率影响较大。当考虑环境因素时，辽宁、北京、贵州、天津和江苏等省份及直辖市全要素生产率年均增长率都出现了明显提高，而广西、青海、山西、内蒙古和黑龙江、新疆等地区全要素生产率年均增长率则明显下降。

（4）从三大地区来看，东部地区最高、中部次之、西部地区最低。当考虑环境因素时，2001—2014 年，东部地区全要素生产率年均增长 6.3%，而中部地区年均衰退为-0.1%，西部地区最低，年均衰退-0.2%。而不考虑环境因素时，东部地区年均增长率均值为 5.0%，中部地区为 2.7%，西部地区为

0.7%。两种情形下东部地区与中西部地区全要素生产率差距非常大。

（5）考虑环境因素和不考虑环境因素两种情形下的 TFP 比较。从比较结果来看，当考虑环境因素时，中国全要素生产率出现下降，说明传统方法所测算的中国 TFP 值被高估。根据三大地区比较结果，考虑环境因素时东部地区 TFP 年均增长率高于不考虑环境因素时的 TFP 值，而中西部地区的全要素生产率则因为考虑环境因素而出现了下降，尤其是中部地区，年均增长率均值由 2.4% 转变为衰退 -0.1%，说明东部地区出现"环境与经济发展双赢"的局面，而中西部地区经济的高速增长则伴随着环境污染的加重。

（6）两种情形下各省区全要素生产率差异不断增大。图 4-2 显示了两种情形下 30 个省区不同年份的全要素生产率变异系数。可以看出，考虑环境因素时，变异系数均大于不考虑环境因素时的数值，说明考虑环境因素使得不同地区全要素生产率变化扩大。整体而言，各省区之间的全要素生产率差异不断扩大，说明了各地区经济增长绩效差异不断扩大。

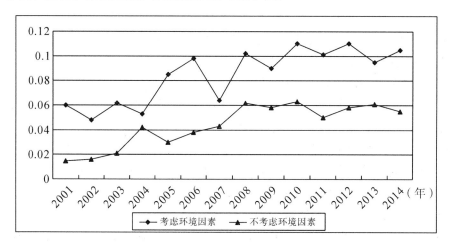

图 4-2　两种情形下全要素生产率变异系数

4.2.3　小结

传统 TFP 测算方法仅仅考虑了"好"产出的情形，这在当前环境管制的制度背景下会扭曲对生产率的正确认识。本部分采用 Chung 等人（1997）提出的方向性距离函数法，对中国 30 个地区 2000—2014 年考虑环境因素和不考虑环境因素两种情形下的 TFP 进行了测算和比较。研究表明，中国各地区全要素生产率不断增长，但增长速度逐渐下降；自 2008 年金融危机之后，全要素生产率一直处于倒退状态，仅在 2014 年出现了上升；从区域差异来看，中国各地区全要素生产率年均增速差异较大，东部地区全要素生产率年均增长率远高于中西部地区；当考虑环境因素时，中国各地区全要素生产率平均值轻微下降；与不考虑环境因素的 TFP 相比较，考虑环境因素的西部地区 TFP 下降较多，而东部地区的全要素生产率则出现"环境与经济发展双赢"的局面。

目前，中国已进入了工业化中期的后半阶段，按照发达国家的发展历程，在这一阶段，重化工业发展速度加快，能源需求量和环境污染将明显加剧。因此，中国经济未来 10~20 年的可持续发展将面临更大的"减排"压力。如何实现环境与经济的协调发展，是中国政府需要进一步思考的重大问题。

4.3 环境约束下主要地级市全要素生产率测算[①]

4.3.1 指标与数据说明

（1）投入指标：对于全要素生产率的测算，投入指标往往选择资本投入和劳动力投入两个变量。在本部分的实证研究中，以各个地级市"年末单位从业人员数"和"城镇私营和个体从业人员"两类数据加总表示劳动要素投入量。对于资本投入，前期研究中，学者们的选择并不相同，常用的主要有年末固定资产净值、固定资产投入额、资本存量三个指标，其中以资本存量作为投入要素采用的最多。本部分研究中，同样选择资本存量作为资本投入要素。目前我国统计数据中，仅给出了固定资产投资的统计数据，因此，本书以"永续盘存法"计算各个地级市的资本存量。计算公式为：$K_{it} = K_{it-1}(1 - \delta) + I_{it}/P_{it}$，其中，$I$ 为年度固定资产投资额，P 表示固定资产投资价格指数，δ 表示折旧率。对于折旧率，采用张军等学者（2004）的研究结果，取值为 9.6%。而对于基年资本存量则借鉴 Young（2000）的方法，以 2005 年固定资产投资总额除以 10% 作为初始资本存量。由于无法获得关于各城市固定资产投资价格指数的统计数据，因此，为剔除价格因素的影响，计算结果采用各城市所属省份的固定资产投资价格指数折算为 2000 年不变价。

（2）产出指标：采用各城市生产总值表示"好"产出。同样，为保持数据的可比性，将各地级市的名义 GDP 以其所在省份 GDP 平减指数折算为 2000 年不

---

① ZHANG JIANSHENG, TAN WEI. Study on the green total factor productivity in main cities of China [J]. Zbornik Radova Ekonomskog Fakulteta U Rijeci-Proceedings of Rijeka Faculty of Economics, 2016（2）：215-234.

变价，剔除价格因素的影响得到实际 GDP。对于"坏"产出的衡量指标，由于目前《中国城市统计年鉴》对于废气、化学需氧量等指标数据不全，考虑到数据的可获得性和可比较性，采用各城市工业 SO_2 排放量作为"坏"产出。

（3）数据说明：由于《中国城市统计年鉴》对于工业 SO_2 排放量统计指标的数据是从 2005 年开始统计，且考虑到 2013 年部分解释变量数据缺失严重，故研究所用的样本数据年份为 2005—2012 年，采用的地级市数量为 285 个（除没有包含西藏地区的城市外，其他省份少数新设地级市或者地级市被合并的，均没有纳入本次分析范围）；相关数据均来源于《中国城市统计年鉴》和《中国统计年鉴》。对于极少数城市中缺失的指标数据，采用该城市该指标最近三年的平均值代替或者前后两个年份的平均值表示。由于缺失数据量很少，所以对于整体全要素生产率的测算结果不会产生显著影响。

4.3.2 测算结果分析

（1）总体变动分析。

图 4-3 显示的是 2006—2012 年 285 个地级市环境全要素生产率的几何平均值变动情况。2006 年环境全要素生产率增长率为 4.60%，2007 年达到最大值为 4.81%，之后趋于下降，2011 年仅为 1.17%，2012 年相较于前一年略有增长，为 2.65%。整体而言，城市环境 TFP 呈现下降趋势。这一走势和主要地级市不考虑环境因素时的全要素生产率是基本一致的。

从环境全要素生产率的分解情况来看，技术进步是环境全要素生产率增长的主要贡献者，技术进步率最高为 2010 年的 7.1%，最低为 2011 年和 2012 年的 2.6%。技术效率在 7 个年份中有 3 个年份处于衰退状态，最大衰退为 -3.53%。技术效率增长率最高也仅为 1.95%。

（2）八大区域比较。

图 4-4 显示了我国八大区域主要城市环境全要素生产率变动情况。从八大区域环境全要素生产率年均增长率排名来看，最高的是北部沿海地区，年均增长率为 4.5%；其他为东部沿海地区（4.41%）、东北地区（3.98%）、南部沿海地区（3.80%）、西南地区（3.64%）、长江中游地区（3.44%）、黄河中游地区（2.85%）、西北地区（1.24%）。

从变动趋势来看，2006—2012 年，八大区域中的东北地区、南部沿海地区、长江中游地区、西南地区、西北地区下降趋势较为明显，而东部沿海地区、北部沿海地区和黄河中游地区则下降趋势并不明显，其中，东部沿海地区除 2011 年出现了明显下降外，2010 年和 2012 年环境全要素生产率年均增长率

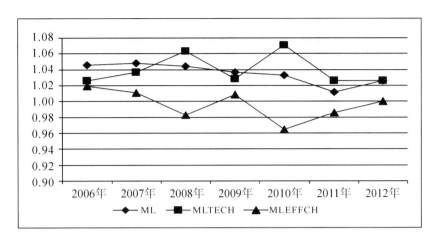

图 4-3 城市环境 TFP 及其分解

分别为 5.52% 和 7.31%，均高于 2006—2009 年的增长率。说明不同区域环境全要素生产率差异较大，也反映了近年来的经济增长质量差异。

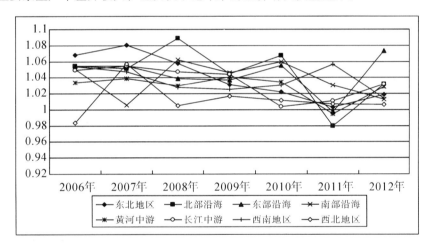

图 4-4 八大区域主要城市环境全要素生产率变动情况

图 4-5 显示了八大区域主要城市环境约束下技术进步变动情况。八大区域排名依次为：东部沿海地区（5.37%）、北部沿海地区（5.32%）、南部沿海地区（4.63%）、长江中游地区（4.34%）、东北地区（4.17%）、西南地区（3.27%）、黄河中游地区（2.62%）、西北地区（2.36%）。其中，东部沿海地区和北部沿海地区年均增长率变动幅度都相对较小；而排名最低的西北地区，则不同年份技术进步率差异巨大，2010 年技术进步率为 7.47%，而 2006 年则出现了衰退，为 - 1.32%。整体来看，八大区域技术进步率最高年份为

2008 年，受金融危机影响，在 2009 年下降幅度最大，2010 年后又逐步增长。

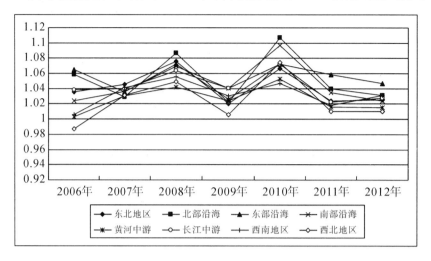

图 4-5　八大区域主要城市环境约束下技术进步变动情况

图 4-6 显示了八大区域主要城市环境约束下技术效率变动情况。环境全要素生产率和技术进步率都相对较低的西南地区和黄河中游地区，技术效率则相对较高。从八大区域环境约束下技术效率变动情况来看，最高的是西南地区，年均增长率为 0.36%；除了黄河中游地区（0.23%），其他六个区域均出现了不同程度的衰退，其中东北地区为 -0.24%、北部沿海地区为 -0.78%、南部沿海地区为 -0.79%、长江中游地区为 -0.86%，东部沿海地区为 -0.91%，西北地区年均衰退程度最大，为 -1.1%。

整体而言，八大区域技术效率年均增长率差异不大，说明了技术进步是构成八大区域环境全要素生产率差异的主要来源。

（3）各城市环境全要素生产率比较。

通过对 285 个地级市 2006—2012 年环境约束下的全要素生产率进行比较，发现样本期间各城市环境全要素生产率年均增长率差异巨大，排名前十位的城市依次是：深圳市（14.8%）、上海市（14.5%）、鄂尔多斯（12.5%）、金昌市（12.0%）、长沙市（11.4%）、佛山市（11.4%）、资阳市（11.0%）、三亚市（10.7%）、北京市（9.9%）、成都市（9.6%）。285 个地级市中有 13 个城市出现了年均增长率为负的情况，这 13 个地级市分别为：平凉市（-12.4%）、海口市（-4.1%）、亳州市（-2.3%）、揭阳市（-2.2%）、梅州市（-2.0%）、伊春市（-1.6%）、邯郸市（-1.5%）、平顶山市（-1.4%）、宁德市（-1.3%）、佳木斯市（-0.4%）、吴忠市（-0.2%）、惠州市

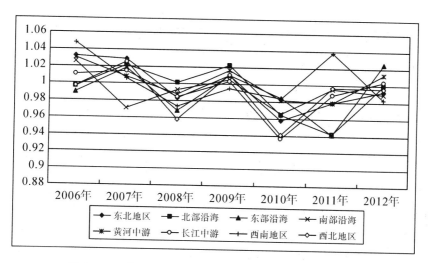

图4-6 八大区域主要城市环境约束下技术效率变动情况

（-0.2%）、汕尾市（-0.1%）。

①东北地区。东北地区主要城市环境全要素生产率年均增长率为3.98%，年均增速在八大区域中排名第三位。从环境全要素生产率的分解来看，技术进步年均增长4.17%，而技术效率年均衰退-0.24%。环境全要素生产率年均增长率排名前五位的城市依次是：大连市（8.83%）、长春市（7.59%）、齐齐哈尔市（7.58%）、大庆市（7.53%）、沈阳市（6.65%）。只有伊春市和佳木斯市出现了全要素生产率倒退的情形。多数城市环境全要素生产率的增长都是由技术进步所贡献，但也有少数城市，技术效率出现了较大幅度的增长，如齐齐哈尔市和辽源市，技术效率年均增长分别为3.51%、2.62%。

表4-3   东北地区主要城市环境 TFP 及其分解

城市	ML	MLTECH	MLEFFCH	城市	ML	MLTECH	MLEFFCH
沈阳市	1.067	1.075	0.992	通化市	1.027	1.026	1.001
大连市	1.088	1.067	0.999	白山市	1.023	1.019	1.004
鞍山市	1.033	1.055	0.978	松原市	1.052	1.053	0.999
抚顺市	1.041	1.039	1.001	白城市	1.042	1.031	1.011
本溪市	1.059	1.050	1.008	哈尔滨市	1.049	1.061	0.988
丹东市	1.052	1.052	1.000	齐齐哈尔市	1.076	1.040	1.035
锦州市	1.012	1.028	0.984	鸡西市	1.024	1.037	0.988

表4-3(续)

城市	ML	MLTECH	MLEFFCH	城市	ML	MLTECH	MLEFFCH
营口市	1.035	1.030	1.005	鹤岗市	1.026	1.030	0.997
阜新市	1.011	1.015	0.996	双鸭山市	1.039	1.032	1.008
辽阳市	1.031	1.049	0.983	大庆市	1.075	1.075	1.000
盘锦市	1.056	1.055	1.001	伊春市	0.984	1.036	0.950
铁岭市	1.044	1.030	1.014	佳木斯市	0.997	0.996	1.000
朝阳市	1.031	1.030	1.001	七台河市	1.040	1.037	1.003
葫芦岛市	1.024	1.037	0.988	牡丹江市	1.051	1.054	0.997
长春市	1.076	1.066	1.009	黑河市	1.017	1.034	0.983
吉林市	1.054	1.053	1.001	绥化市	1.052	1.065	0.987
四平市	1.020	1.038	0.983	平均值	1.040	1.042	0.998
辽源市	1.057	1.030	1.026				

②北部沿海地区。北部沿海地区30个城市环境全要素生产率年均增长率为4.5%，在八大区域中排名第一位。技术进步年均增长5.32%，技术效率年均衰退-0.78%。在ML指数上，仅有邯郸市出现了年均-1.47%的倒退，其他城市都是不断增长的，其中，北京市年均增长9.86%排名第一位，其次排名靠前的依次为唐山市（9.07%）、青岛市（7.10%）、东营市（6.91%）、烟台市（6.90%）。环境全要素生产率年均增幅较低的城市除了山东省的莱芜市外，其他的都是河北省的城市，包括保定市（0.47%）、邢台市（1.88%）、衡水市（2.2%）、秦皇岛市（2.55%）、石家庄市（3.12%）。另外，青岛市（2.23%）、天津市（1.18%）、菏泽市（1.17%）等少数城市技术效率年均增长较快。

表4-4　　　　　北部沿海地区主要城市环境TFP及其分解

城市	ML	MLTECH	MLEFFCH	城市	ML	MLTECH	MLEFFCH
北京市	1.099	1.110	0.990	枣庄市	1.033	1.039	0.994
天津市	1.068	1.056	1.012	东营市	1.069	1.068	1.001
石家庄市	1.031	1.024	1.007	烟台市	1.069	1.072	0.997
唐山市	1.091	1.091	1.000	潍坊市	1.053	1.063	0.991

表4-4(续)

城市	ML	MLTECH	MLEFFCH	城市	ML	MLTECH	MLEFFCH
秦皇岛市	1.026	1.041	0.985	济宁市	1.047	1.061	0.987
邯郸市	0.985	1.079	0.914	泰安市	1.056	1.056	1.000
邢台市	1.019	1.030	0.989	威海市	1.036	1.071	0.967
保定市	1.005	1.024	0.981	日照市	1.042	1.051	0.992
张家口市	1.067	1.066	1.002	莱芜市	1.021	1.028	0.994
承德市	1.035	1.031	1.004	临沂市	1.037	1.059	0.980
沧州市	1.043	1.071	0.974	德州市	1.043	1.043	1.001
廊坊市	1.043	1.054	0.990	聊城市	1.056	1.056	1.000
衡水市	1.022	1.027	0.995	滨州市	1.051	1.049	1.003
济南市	1.033	1.043	0.991	菏泽市	1.046	1.034	1.012
青岛市	1.071	1.048	1.022	平均值	1.045	1.053	0.992
淄博市	1.060	1.059	1.001				

③东部沿海地区。东部沿海地区25个城市环境全要素生产率年均增长率为4.4%，仅次于北部沿海地区，在八大区域中排名第二位。技术进步年均增长5.4%，技术效率年均衰退-0.9%。从内部各城市的环境全要素生产率来看，上海市以年均14.47%的增长速度高居第一位，高于排名第二位的徐州市（9.44%）5个百分点。其他增长速度较快的城市还有：南通市（7.53%）、扬州市（6.06%）、无锡市（5.87%）、舟山市（5.85%）等。在技术进步增速上，徐州市以年均8.87%的增长速度居于第一位。而上海市除了技术进步年均增速（8.54%）较高外，在技术效率增长率上也有较好的表现，年均增长速度为5.46%，同样远高于排名第二位的扬州市（1.23%）。说明上海市作为我国经济、金融中心，其环境全要素生产率的提高来自于技术进步和技术效率的协同推进。

表 4-5　　　　东部沿海地区主要城市环境 TFP 及其分解

城市	ML	MLTECH	MLEFFCH	城市	ML	MLTECH	MLEFFCH
上海市	1.145	1.085	1.055	宿迁市	1.045	1.043	1.002
南京市	1.052	1.061	0.992	杭州市	1.028	1.063	0.967

表4-5(续)

城市	ML	MLTECH	MLEFFCH	城市	ML	MLTECH	MLEFFCH
无锡市	1.059	1.074	0.986	宁波市	1.029	1.056	0.974
徐州市	1.094	1.089	1.005	温州市	1.018	1.053	0.967
常州市	1.031	1.031	1.000	嘉兴市	1.037	1.050	0.987
苏州市	1.046	1.046	1.000	湖州市	1.045	1.074	0.974
南通市	1.075	1.076	1.000	绍兴市	1.023	1.059	0.966
连云港市	1.039	1.039	1.000	金华市	1.006	1.047	0.961
淮安市	1.034	1.035	0.999	衢州市	1.024	1.038	0.986
盐城市	1.048	1.058	0.990	舟山市	1.059	1.053	1.006
扬州市	1.061	1.048	1.012	台州市	1.040	1.062	0.980
镇江市	1.040	1.055	0.986	丽水市	1.031	1.031	1.000
泰州市	1.005	1.023	0.982	平均值	1.044	1.054	0.991

④南部沿海地区。东部沿海地区32个城市环境全要素生产率年均增长率为3.8%，在八大区域中排名第四位。技术进步年均增长4.6%，技术效率年均衰退-0.8%。环境全要素生产率排名前五位的城市分别是：深圳市（14.84%）、佛山市（11.36%）、三亚市（10.67%）、汕头市（7.11%）、湛江市（7.05%）。有6个城市出现了倒退，分别为：海口市（-4.12%）、揭阳市（-2.16）、梅州市（-2.02%）、宁德市（-1.32%）、惠州市（-0.16%）、汕尾市（-0.15%）。在年均增长率较高的城市中，深圳市全要素生产率的增长主要来源于技术进步，技术效率基本处于不变状态。汕头市则完全依赖于技术进步的增长，其技术效率年均下降-1.33%。佛山市的技术进步虽然也是环境全要素生产率的主要贡献者，但其技术效率也出现了较快的增长，年均增长3.88%。技术效率对环境全要素生产率贡献最大的城市是三亚市，技术效率年均增长8.4%，远大于技术进步年均2.1%的增长速度。

表4-6　　南部沿海地区主要城市环境TFP及其分解

城市	ML	MLTECH	MLEFFCH	城市	ML	MLTECH	MLEFFCH
福州市	1.051	1.063	0.989	茂名市	1.070	1.057	1.012
厦门市	1.045	1.054	0.991	肇庆市	1.047	1.038	1.008
莆田市	1.064	1.057	1.007	惠州市	0.998	1.050	0.951

表4-6(续)

城市	ML	MLTECH	MLEFFCH	城市	ML	MLTECH	MLEFFCH
三明市	1.052	1.043	1.009	梅州市	0.980	1.024	0.957
泉州市	1.049	1.068	0.982	汕尾市	0.999	1.012	0.987
漳州市	1.047	1.065	0.983	河源市	1.020	1.016	1.004
南平市	1.054	1.044	1.009	阳江市	1.022	1.056	0.968
龙岩市	1.060	1.047	1.012	清远市	1.033	1.025	1.008
宁德市	0.987	1.034	0.955	东莞市	1.009	1.016	0.993
广州市	1.057	1.075	0.983	中山市	1.068	1.053	1.014
韶关市	1.020	1.023	0.997	潮州市	1.001	1.035	0.967
深圳市	1.148	1.148	1.000	揭阳市	0.978	1.052	0.931
珠海市	1.043	1.054	0.989	云浮市	1.007	1.009	0.998
汕头市	1.071	1.084	0.988	海口市	0.959	0.993	0.966
佛山市	1.114	1.072	1.039	三亚市	1.107	1.021	1.084
江门市	1.013	1.053	0.963	平均值	1.038	1.046	0.992
湛江市	1.071	1.056	1.014				

⑤黄河中游地区。黄河中游地区47个城市环境全要素生产率年均增长率为2.9%，在八大区域中排名第七位。技术进步年均增长2.6%，技术效率年均增长0.2%。从内部各城市的比较来看，鄂尔多斯市以年均12.55%的增长居于第一位，与其他城市的增速差距较大。排名前四位的城市还有：榆林市（8.92%）、郑州市（5.42%）、吕梁市（5.41%）、通辽市（5.39%）。其中，郑州市环境全要素生产率的主要贡献来源于技术进步，年均增长率为5.24%，贡献率为96.78%，而技术效率年均仅增长0.17%，贡献率为3.22%。而鄂尔多斯市、榆林市、吕梁市和通辽市，这四个城市的技术效率年均增长分别为：8.27%、8.62%、3.54、2.82%，对环境全要素生产率的贡献率分别为67.21%、107.49%、66.03%和52.97%。它们的技术效率增长幅度均超过了技术进步的贡献，这与我国多数城市技术进步贡献占主导地位是截然相反的。

表 4-7 　　　　黄河中游地区主要城市环境 TFP 及其分解

城市	ML	MLTECH	MLEFFCH	城市	ML	MLTECH	MLEFFCH
西安市	1.025	1.028	0.997	赤峰市	1.025	1.014	1.011
铜川市	1.014	1.014	1.000	通辽市	1.054	1.025	1.028
宝鸡市	1.036	1.024	1.012	鄂尔多斯市	1.126	1.040	1.083
咸阳市	1.029	1.017	1.013	呼伦贝尔市	1.019	1.013	1.006
渭南市	1.007	1.007	1.000	巴彦淖尔市	1.017	1.010	1.007
延安市	1.045	1.044	1.001	乌兰察布市	1.022	1.008	1.014
汉中市	1.015	1.020	0.995	郑州市	1.054	1.052	1.002
榆林市	1.089	0.994	1.096	开封市	1.032	1.058	0.975
安康市	1.027	1.032	0.996	洛阳市	1.048	1.048	1.000
商洛市	1.010	1.024	0.987	平顶山市	0.986	0.991	0.996
太原市	1.019	1.022	0.997	安阳市	1.025	1.029	0.997
大同市	1.006	1.009	0.996	鹤壁市	1.016	1.019	0.997
阳泉市	1.006	1.009	0.997	新乡市	1.042	1.041	1.002
长治市	1.014	1.012	1.002	焦作市	1.027	1.033	0.994
晋城市	1.017	1.014	1.003	濮阳市	1.040	1.049	0.992
朔州市	1.030	1.024	1.006	许昌市	1.040	1.060	0.982
晋中市	1.009	1.011	0.998	漯河市	1.033	1.050	0.984
运城市	1.010	1.017	0.993	三门峡市	1.033	1.026	1.007
忻州市	1.009	1.006	1.003	南阳市	1.019	1.046	0.975
临汾市	1.013	1.027	0.987	商丘市	1.043	1.041	1.002
吕梁市	1.054	1.018	1.035	信阳市	1.022	1.035	0.988
呼和浩特市	1.033	1.040	0.993	周口市	1.050	1.057	0.994
包头市	1.023	1.028	0.995	驻马店市	1.029	1.051	0.978
乌海市	1.009	1.004	1.005	平均值	1.029	1.026	1.002

⑥长江中游地区。长江中游地区 52 个城市环境全要素生产率年均增长率为 3.49%，在八大区域中排名第六位。技术进步年均增长 4.3%，技术效率年均衰退-0.9%。该地区环境全要素生产率差异相对较小，仅有亳州市出现了年均衰退的情况，其他地区都出现了不同程度的增长。环境全要素生产率年均增长幅度排名前五位的城市依次为：长沙市（11.35%）、合肥市（9.39%）、娄底市（9.19%）、武汉市（8.13%）、新余市（7.92%）。从环境全要素生产率的分解看，技术进步是其主要来源。技术效率年均增长较快的城市主要有：娄底市（5.62%）、新余市（2.85%）、武汉市（2.31%）、长沙市（2.21%）和黄山市（1.40%）。

表 4-8　　　　　长江中游地区主要城市环境 TFP 及其分解

城市	ML	MLTECH	MLEFFCH	城市	ML	MLTECH	MLEFFCH
合肥市	1.094	1.087	1.006	武汉市	1.081	1.057	1.023
芜湖市	1.061	1.047	1.013	黄石市	1.008	1.030	0.978
蚌埠市	1.028	1.048	0.982	十堰市	1.025	1.054	0.972
淮南市	1.018	1.014	1.003	宜昌市	1.042	1.049	0.993
马鞍山市	1.044	1.041	1.003	襄阳市	1.021	1.043	0.979
淮北市	1.017	1.022	0.995	鄂州市	1.032	1.036	0.996
铜陵市	1.051	1.042	1.009	荆门市	1.032	1.040	0.992
安庆市	1.074	1.061	1.013	孝感市	1.005	1.049	0.958
黄山市	1.044	1.030	1.014	荆州市	1.010	1.054	0.958
滁州市	1.023	1.051	0.973	黄冈市	1.062	1.059	1.003
阜阳市	1.036	1.065	0.973	咸宁市	1.045	1.048	0.997
宿州市	1.006	1.065	0.946	随州市	1.000	1.065	0.939
六安市	1.023	1.066	0.960	长沙市	1.114	1.089	1.022
亳州市	0.977	1.046	0.934	株洲市	1.049	1.055	0.994
池州市	1.026	1.016	1.010	湘潭市	1.039	1.027	1.011
宣城市	1.001	1.025	0.977	衡阳市	1.037	1.050	0.987
南昌市	1.029	1.059	0.972	邵阳市	1.019	1.052	0.969
景德镇市	1.023	1.015	1.008	岳阳市	1.037	1.051	0.987
萍乡市	1.008	1.012	0.997	常德市	1.039	1.053	0.986

表4-8(续)

城市	ML	MLTECH	MLEFFCH	城市	ML	MLTECH	MLEFFCH
九江市	1.016	1.019	0.998	张家界市	1.028	1.040	0.988
新余市	1.079	1.049	1.029	益阳市	1.037	1.038	0.999
鹰潭市	1.030	1.017	1.012	郴州市	1.038	1.039	1.000
赣州市	1.032	1.058	0.976	永州市	1.031	1.046	0.986
吉安市	1.030	1.030	1.001	怀化市	1.030	1.040	0.991
宜春市	1.033	1.029	1.005	娄底市	1.092	1.034	1.056
抚州市	1.017	1.027	0.991	平均值	1.034	1.043	0.991
上饶市	1.031	1.023	1.008				

⑦西南地区。西南地区45个城市环境全要素生产率年均增长率为3.6%，在八大区域中排名第五位。技术进步年均增长3.3%，技术效率年均增长0.4%。整体而言，西南地区主要地级市环境全要素生产率年均增幅差异较小，最大的为资阳市，年均增幅为11.02%；最小的为百色市，年均增长仅为0.3%。其他增幅较大的城市还有：成都市（9.58%）、南充市（7.11%）、梧州市（6.95%）、达州市（6.83%）、玉溪市（6.82%）、遂宁市（6.58%）和玉林市（6.46%）。从环境全要素生产率的分解来看，技术进步仍然是主要贡献者，技术效率年均增幅较大的城市主要是：资阳市（4.57%）、内江市（3.59%）、梧州市（3.38%）、贺州市（2.77%）和玉林市（2.73%）。

表4-9　　　　　西南地区主要城市环境TFP及其分解

城市	ML	MLTECH	MLEFFCH	城市	ML	MLTECH	MLEFFCH
南宁市	1.053	1.034	1.019	内江市	1.034	0.999	1.036
柳州市	1.040	1.040	1.000	乐山市	1.044	1.036	1.007
桂林市	1.038	1.038	1.000	南充市	1.071	1.062	1.009
梧州市	1.070	1.034	1.034	眉山市	1.025	1.046	0.980
北海市	1.030	1.032	0.997	宜宾市	1.025	1.029	0.997
防城港市	1.031	1.027	1.003	广安市	1.035	1.029	1.005
钦州市	1.035	1.028	1.007	达州市	1.068	1.065	1.004
贵港市	1.037	1.018	1.019	雅安市	1.027	1.023	1.004

表4-9(续)

城市	ML	MLTECH	MLEFFCH	城市	ML	MLTECH	MLEFFCH
玉林市	1.065	1.036	1.027	巴中市	1.049	1.059	0.990
百色市	1.003	1.005	0.998	资阳市	1.110	1.062	1.046
贺州市	1.050	1.022	1.028	贵阳市	1.015	1.011	1.004
河池市	1.008	1.007	1.001	六盘水市	1.007	1.007	1.000
来宾市	1.044	1.045	0.999	遵义市	1.023	1.016	1.007
崇左市	1.052	1.046	1.005	安顺市	1.009	1.012	0.997
重庆市	1.032	1.022	1.010	昆明市	1.021	1.030	0.991
成都市	1.096	1.081	1.014	曲靖市	1.013	1.015	0.998
自贡市	1.012	1.024	0.988	玉溪市	1.068	1.066	1.002
攀枝花市	1.019	1.025	0.995	保山市	1.031	1.025	1.006
泸州市	1.036	1.045	0.992	昭通市	1.013	1.023	0.990
德阳市	1.043	1.069	0.976	丽江市	1.023	1.013	1.010
绵阳市	1.036	1.046	0.990	思茅市	1.010	1.016	0.995
广元市	1.014	1.018	0.996	临沧市	1.020	1.031	0.990
遂宁市	1.066	1.062	1.003	平均值	1.036	1.033	1.004

⑧西北地区。西北地区20个城市环境全要素生产率年均增长率仅为1.2%，是八大区域中年均增幅最小的地区。技术进步年均增长2.4%，技术效率年均衰退-1.1%。定西市（-0.01%）、吴忠市（-0.18%）和平凉市（-2.41%）三个城市环境全要素生产率出现了倒退。环境全要素生产率年均增幅排名前五位的城市依次是：金昌市（12.03%）、庆阳市（6.15%）、乌鲁木齐市（4.49%）、酒泉市（4.0%）和嘉峪关市（2.04%）。可以看出，其他城市与金昌市的差距较大。整体分解来看，该地区技术效率对环境全要素生产率的贡献极低，最大的庆阳市，技术效率年均增长也仅为2.9%，排名第二位的酒泉市，年均增长仅为0.76%，多数城市技术效率都处于衰退状态。

表4-10　　　　　西北地区主要城市环境TFP及其分解

城市	ML	MLTECH	MLEFFCH	城市	ML	MLTECH	MLEFFCH
兰州市	1.017	1.021	0.996	陇南市	1.013	1.034	0.979

表4-10(续)

城市	ML	MLTECH	MLEFFCH	城市	ML	MLTECH	MLEFFCH
嘉峪关市	1.020	1.035	0.986	西宁市	1.013	1.015	0.999
金昌市	1.120	1.125	0.996	银川市	1.006	1.009	0.997
白银市	1.008	1.007	1.001	石嘴山市	1.003	1.002	1.001
天水市	1.011	1.038	0.974	吴忠市	0.998	0.997	1.001
武威市	1.020	1.028	0.991	固原市	1.000	1.001	0.999
张掖市	1.008	1.013	0.994	中卫市	1.006	1.003	1.003
平凉市	0.876	0.965	0.908	乌鲁木齐市	1.045	1.042	1.002
酒泉市	1.040	1.032	1.008	克拉玛依市	1.000	1.056	0.947
庆阳市	1.062	1.031	1.029	平均值	1.012	1.024	0.989
定西市	1.000	1.025	0.976				

4.3.3 环境 TFP 与传统 TFP 的比较

（1）整体比较。

不考虑环境因素时，285 个地级市 2006—2012 年全要素生产率年均增长 4.8%，而当考虑环境因素时，年均增幅仅为 3.5%，下降了 1.3 个百分点，说明传统全要素生产率测算结果被高估。从分解结果来看，不考虑环境因素时，技术进步年均增长 6.3%，技术效率则年均增长 1.3%；而当考虑环境因素时，技术进步年均增长 3.9%，技术效率年均衰退 -0.42%。相比较而言，技术进步年均下降了 2.4 个百分点，而技术效率下降了 1.3 个百分点。

图 4-7 显示了考虑环境因素和不考虑环境因素两种情形下 2006—2012 年全要素生产率的变动情况。整体来看，两种情形下的全要素生产率都是不断下降的。但两种情形下的全要素生产率差距在不断缩小，且 7 个年份中，2010 年和 2012 年两个年份的环境全要素生产率高于传统全要素生产率，一定程度上体现了最近一两年来，随着我国对环境污染重视程度的增强、治污投入的不断增长，以及对落后产能、高污染、高消耗产业和企业的大量淘汰，使得在经济仍保持较快增长的同时，污染排放增速下降的事实。从环境全要素生产率增速来看，2011 年降到最低后，2012 年开始逐步上升，也反映了这一事实。

（2）八大区域比较。

图 4-8 显示了两种情形下八大区域的全要素生产率平均值。可以看出，

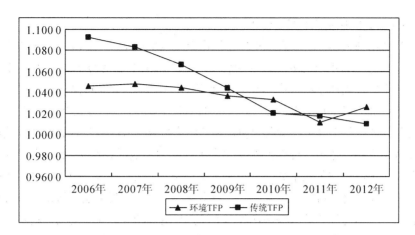

图4-7　两种情形下全要素生产率比较：时间趋势

与不考虑环境因素的全要素生产率比较看，多数区域环境约束下的全要素生产率出现了下降，仅有东部沿海地区和西南地区出现了轻微的上升，上升幅度很小，说明这两个地区出现了污染排放减少和经济增长协调发展的良好局面。

从其他地区两种情形下全要素生产率的对比来看，当考虑环境因素后，黄河中游地区年均下降了2.8个百分点，是下降幅度最大的地区。其次是北部沿海地区和南部沿海地区，分别下降了1.6个百分点和1.2个百分点。西北地区、东北地区和长江中游地区下降幅度相对较小，分别下降了0.9、0.4和0.1个百分点。黄河中游地区所属的山西、陕西、河南和内蒙古四个省份及自治区，都是矿产资源极为丰富的地区，而且也是火力发电量较大的几个地区，长期以来的资源型产业依赖，虽然促进了经济的高速增长，但也带来了环境的高度污染。

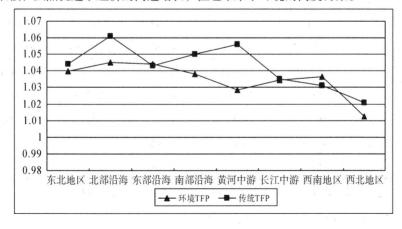

图4-8　两种情形下全要素生产率比较：区域比较

（3）东北地区各个城市的比较。

当考虑环境因素时，东北地区各城市全要素生产率平均值仅比传统全要素生产率下降了0.4个百分点，变动较小。其中，2008年为分界点。2008年以前传统全要素生产率明显高于环境全要素生产率，而2008年以后，环境全要素生产率则高于了传统全要素生产率。这说明2008年以后东北地区实现了环境污染排放的相对减少，即每单位产出的污染排放量减少。从东北地区各城市的比较来看，当考虑环境因素对全要素生产率的影响时，有18个城市出现了下降，排名前五位的城市分别是：葫芦岛（16.7%）、四平市（14.0%）、朝阳市（10.9%）、伊春市（10.1%）、营口市（7.9%）。这说明这些城市的经济产出伴随大量的污染排放，经济增长以大量消耗资源和大量排放污染为代价。有14个城市出现了上升，上升幅度较大的城市有：绥化市（4.3%）、大庆市（4.1%）、本溪市（3.2%）、哈尔滨市（3.0%）、松原市（2.4%）、牡丹江市（2.1%）。当考虑环境因素时，全要素生产率上升说明了这些城市单位产出的污染排名减少，环境保护与经济发展实现友好协调。

表4-11　　　　　　　东北地区环境TFP与传统TFP比较

城市	下降幅度	城市	下降幅度	城市	下降幅度
沈阳市	-0.004	朝阳市	0.109	鸡西市	-0.009
大连市	-0.011	葫芦岛市	0.167	鹤岗市	-0.005
鞍山市	0.057	长春市	0.044	双鸭山市	-0.001
抚顺市	-0.008	吉林市	0.021	大庆市	-0.041
本溪市	-0.032	四平市	0.140	伊春市	0.101
丹东市	0.009	辽源市	0.000	佳木斯市	0.009
锦州市	-0.002	通化市	0.000	七台河市	0.001
营口市	0.079	白山市	0.013	牡丹江市	-0.021
阜新市	0.053	松原市	-0.024	黑河市	0.010
辽阳市	0.045	白城市	0.021	绥化市	-0.043
盘锦市	0.064	哈尔滨市	-0.030		
铁岭市	0.063	齐齐哈尔市	-0.008		

注：表中数值以传统全要素生产率减去环境全要素生产率得出，以下类同。

（4）北部沿海地区各个城市的比较。

北部沿海地区环境约束下的城市全要素生产率年均增长6.1%，而传统全要素生产率的年均增长幅度为4.5%，两者相差1.6个百分点。这说明北部沿海地区经济增长过程中伴随大量的污染排放，粗放型经济增长方式特征明显。从不同年份的比较来看，2006—2009年，虽然环境全要素生产率始终大于传统全要素生产率，但两种情形下的差距在不断缩小，由2006年的6.1个百分点逐渐下降为0.002个百分点，说明污染排放的相对减少。2010年和2012年环境全要素生产率分别大于传统全要素生产率2.9个和2.1个百分点，说明这两个年份环境保护和经济发展实现协调，但2011年传统全要素生产率又大于环境全要素生产率2.4个百分点，也反映了从忽略环境保护、单纯追求经济增长到实现经济发展和环境保护协调发展的道路是曲折的、反复的。

从不同城市的比较看，当考虑环境因素时，全要素生产率下降幅度较大的城市主要有：邯郸市（6.7%）、济宁市（5.5%）、承德市（5.1%）、泰安市（5.0%）、威海市（4.2%）、保定市（4.0%）。而全要素生产率出现上升的城市则主要包括：青岛市（6.4%）、张家口市（4.7%）、淄博市（3.9%）、唐山市（3.6%）和日照市（3.4%）。

表4-12　　　　　北部沿海地区环境 TFP 与传统 TFP 比较

城市	下降幅度	城市	下降幅度	城市	下降幅度
北京市	−0.021	沧州市	−0.001	济宁市	0.055
天津市	−0.018	廊坊市	0.011	泰安市	0.050
石家庄市	0.028	衡水市	0.021	威海市	0.042
唐山市	−0.036	济南市	0.028	日照市	−0.034
秦皇岛市	0.019	青岛市	−0.064	莱芜市	0.026
邯郸市	0.067	淄博市	−0.039	临沂市	0.014
邢台市	0.003	枣庄市	0.007	德州市	−0.027
保定市	0.040	东营市	−0.024	聊城市	0.032
张家口市	−0.047	烟台市	−0.025	滨州市	0.004
承德市	0.051	潍坊市	−0.022	菏泽市	−0.008

（5）东部沿海地区各个城市的比较。

东部沿海地区在考虑环境因素后，全要素生产率年均增长幅度由4.3%上升为4.4%；东部沿海地区两种情形下的全要素生产率差距不大，其中在2007年、2010年和2012年，环境全要素生产率超过了传统全要素生产率。整体而言，两种情形下的全要素生产率反映了东部地区经济增长与环境保护之间的协调性。

具体从内部各个城市来看，环境因素对全要素生产率的影响存在较大差异。环境因素使得连云港市、丽水市、杭州市、宁波市和金华市全要素生产率出现了 3 个百分点以上的下降，下降幅度分别为：13.8%、5.3%、4.8%、3.3% 和 3.1%。而上海市、盐城市、南通市、台州市和舟山市则出现了明显的上升，即当考虑环境因素时，全要素生产率年均增幅反而提高了。这五个城市上升幅度分别为：10.1%、4.4%、4.1%、3.1% 和 2.2%。

表 4-13　　　　　东部沿海地区环境 TFP 与传统 TFP 比较

城市	下降幅度	城市	下降幅度	城市	下降幅度
上海市	−0.101	盐城市	−0.044	湖州市	0.017
南京市	0.019	扬州市	0.022	绍兴市	0.011
无锡市	0.001	镇江市	0.022	金华市	0.031
徐州市	0.008	泰州市	0.025	衢州市	0.028
常州市	−0.005	宿迁市	−0.005	舟山市	−0.022
苏州市	0.008	杭州市	0.048	台州市	−0.031
南通市	−0.041	宁波市	0.033	丽水市	0.053
连云港市	0.138	温州市	−0.008		
淮安市	−0.008	嘉兴市	0.014		

（6）南部沿海地区各个城市的比较。

考虑环境因素后，南部沿海地区全要素生产率出现了明显降低，自年均 5.0% 的增幅下降为 3.8%，年均下降 1.2 个百分点，说明了南部沿海地区经济增长过程中伴随着较高的污染排放。而从不同年份的比较看，2006 年和 2007 年下降幅度较大，分别为 4.7 个百分点和 6.7 个百分点。2008 年、2009 年和 2010 年两种情形下的全要素生产率差距很小，分别仅为 0.1、0.4 和 0.9 个百分点。2011 年和 2012 年出现了较大变化，环境全要素生产率反而比传统全要素生产率分别高出 3.2 个百分点和 1.3 个百分点。两种情形全要素生产率的变化反映了南部沿海地区环境因素对全要素生产率的负向影响逐渐变为正向影响，也进一步说明了，南部沿海地区环境与经济正呈友好协调发展方向演进。

环境因素使得全要素生产率年均增幅明显下降的城市及其幅度分别为：清远市（16.8%）、揭阳市（10.1%）、海口市（8.6%）、汕尾市（8.1%）和潮州市（7.4%）。而出现明显上升的城市则分别为：深圳市（11.2%）、三亚市

（7.5%）、佛山市（6.9%）、茂名市（4.0%）和莆田市（3.5%）。

表 4-14　　　　　南部沿海地区环境 TFP 与传统 TFP 比较

城市	下降幅度	城市	下降幅度	城市	下降幅度
福州市	-0.023	深圳市	-0.112	河源市	0.025
厦门市	-0.010	珠海市	-0.020	阳江市	0.042
莆田市	-0.035	汕头市	-0.014	清远市	0.168
三明市	0.023	佛山市	-0.069	东莞市	0.013
泉州市	0.000	江门市	0.049	中山市	-0.003
漳州市	-0.013	湛江市	-0.012	潮州市	0.074
南平市	0.015	茂名市	-0.040	揭阳市	0.101
龙岩市	-0.011	肇庆市	-0.006	云浮市	0.043
宁德市	0.058	惠州市	0.053	海口市	0.086
广州市	0.007	梅州市	0.058	三亚市	-0.075
韶关市	0.013	汕尾市	0.081		

（7）黄河中游地区各个城市的比较。

黄河中游地区传统全要素生产率年均增长幅度为 5.6%，而当考虑环境因素时，年均增长率则仅为 2.85%，下降了近 2.8 个百分点。环境因素对全要素生产率产生了明显影响，说明该地区城市经济增长过程中同样伴随严重的环境污染，高消耗、高排放是该地区城市经济增长的重要特征。从不同年份的比较来看，2006—2012 年，共有 5 个年份的传统全要素生产率超过环境全要素生产率，而 2010 年和 2012 年则刚好相反，说明了近年来环境因素对全要素生产率的影响在逐渐减小，环境与经济友好协调发展的局面正逐步显现。

从各个城市的比较来看，环境因素对不同的全要素生产率影响差异较大。当考虑环境因素后，全要素生产率年均增幅下降幅度较大的城市主要有：三门峡市（16.0%）、鹤壁市（10.6%）、晋中市（9.7%）、乌海市（8.7%）、大同市（8.1%）、忻州市（7.4%）、运城市（6.3%）、阳泉市（6.1%）、赤峰市（6.1%）和西安市（6.0%）。而全要素生产率在考虑环境因素后出现上升的城市则主要包括：郑州市（7.0%）、新乡市（3.9%）、安阳市（3.8%）、洛阳市（3.7%）、榆林市（3.1%）、许昌市（3.1%）、商丘市（2.1%）和铜川市（2.0%）。

表 4-15　　　　　　　　黄河中游地区环境 TFP 与传统 TFP 比较

城市	下降幅度	城市	下降幅度	城市	下降幅度
郑州市	-0.070	驻马店市	-0.015	朔州市	0.046
开封市	0.033	西安市	0.060	晋中市	0.097
洛阳市	-0.037	铜川市	-0.020	运城市	0.063
平顶山市	0.038	宝鸡市	-0.013	忻州市	0.074
安阳市	-0.038	咸阳市	0.015	临汾市	0.019
鹤壁市	0.106	渭南市	0.035	吕梁市	0.014
新乡市	-0.039	延安市	0.002	呼和浩特市	0.016
焦作市	0.015	汉中市	0.016	包头市	0.052
濮阳市	0.016	榆林市	-0.031	乌海市	0.087
许昌市	-0.031	安康市	0.008	赤峰市	0.061
漯河市	-0.006	商洛市	0.022	通辽市	0.030
三门峡市	0.160	太原市	0.039	鄂尔多斯市	0.017
南阳市	0.049	大同市	0.081	呼伦贝尔市	0.029
商丘市	-0.021	阳泉市	0.061	巴彦淖尔市	-0.006
信阳市	0.004	长治市	0.037	乌兰察布市	0.001
周口市	0.038	晋城市	0.051		

（8）长江中游地区各个城市的比较。

长江中游地区环境约束下的各个城市全要素生产率年均增幅为 3.4%，而不考虑环境因素时的全要素生产率年均增幅则为 3.5%，仅相差 0.1%，说明环境因素对长江中游地区各城市全要素生产率的影响较小，也反映了该地区城市经济增长的较高质量。从不同年份看，2006 年、2007 年和 2008 年三个年份传统全要素生产率明显高于环境全要素生产率，年均增幅分别高出 3.7、2.0 和 1.6 个百分点，说明 2008 年以前该地区经济增长伴随较高的环境污染。而 2009—2012 年，环境约束下的城市全要素生产率则明显高于了传统的全要素生产率，2010 年和 2012 年甚至高出了 2.7 个百分点，说明了长江中游地区的城市自 2009 年以后经济增长质量明显提升，单位产出的污染排放明显减少。

从各个城市的比较来看，考虑环境因素时全要素生产率下降幅度较大的城市包括：宣城市（7.7%）、蚌埠市（7.4%）、六安市（6.6%）、宿州市

（5.8%）和黄石市（5.3%）。而全要素生产率出现上升的城市分别为：长沙市（14.8%）、娄底市（7.5%）、黄冈市（6.7%）、芜湖市（5.3%）和安庆市（5.1%）。

表 4-16　　　　　　长江中游地区环境 TFP 与传统 TFP 比较

城市	下降幅度	城市	下降幅度	城市	下降幅度
南昌市	0.037	孝感市	0.022	合肥市	0.023
景德镇市	0.043	荆州市	-0.015	芜湖市	-0.053
萍乡市	0.036	黄冈市	-0.067	蚌埠市	0.074
九江市	0.036	咸宁市	0.019	淮南市	0.031
新余市	-0.023	随州市	0.026	马鞍山市	-0.007
鹰潭市	0.008	长沙市	-0.148	淮北市	0.041
赣州市	0.015	株洲市	0.036	铜陵市	0.005
吉安市	0.001	湘潭市	-0.015	安庆市	-0.051
宜春市	-0.012	衡阳市	0.017	黄山市	-0.020
抚州市	0.000	邵阳市	0.013	滁州市	0.009
上饶市	-0.012	岳阳市	-0.026	阜阳市	0.031
武汉市	-0.041	常德市	0.000	宿州市	0.058
黄石市	0.053	张家界市	-0.004	六安市	0.066
十堰市	-0.010	益阳市	0.034	亳州市	0.002
宜昌市	-0.027	郴州市	-0.003	池州市	-0.030
襄阳市	0.042	永州市	0.001	宣城市	0.077
鄂州市	-0.010	怀化市	-0.011		
荆门市	-0.002	娄底市	-0.075		

（9）西南地区各个城市的比较。

整体而言，环境因素对西南地区主要城市两种情形下的全要素生产率影响差异也较小。环境约束下的城市全要素生产率年均增幅为 3.6%，而不考虑环境因素时，这一数值为 3.1%，仅相差 0.5 个百分点，而且环境全要素生产率大于传统全要素生产率，说明了西南地区持续的经济增长中污染排放相对减少。而从不同年份看，与长江中游地区相似，2006—2008 年传统全要素生产率高于环境约束下的全要素生产率，而 2009—2012 年则刚好相反，同样反映了随着政府对于污染排放的关注和治理力度的增强，环境与经济之间呈现友好协调发展趋势。

在考虑环境因素后，全要素生产率年均增幅下降较大的城市有：六盘水市（6.8%）、曲靖市（5.8%）、攀枝花市（5.6%）、河池市（5.5%）和贵阳市（5.1%），说明这些城市经济增长伴随严重的污染。而年均增幅出现较大上升的城市分别为：成都市（10.5%）、防城港市（7.7%）、资阳市（7.3%）、遂宁市（7.1%）、玉林市（6.0%）、达州市（5.8%）和崇左市（5.0%）。这说明这些城市在 2006—2012 年，经济增长质量相对较高，经济高速增长的同时产出相对较少。

表 4-17 　　　　　　　西南地区环境 TFP 与传统 TFP 比较

城市	下降幅度	城市	下降幅度	城市	下降幅度
南宁市	0.039	成都市	−0.105	雅安市	−0.021
柳州市	0.032	自贡市	0.044	巴中市	−0.045
桂林市	0.044	攀枝花市	0.056	资阳市	−0.073
梧州市	−0.032	泸州市	−0.019	贵阳市	0.051
北海市	0.037	德阳市	−0.016	六盘水市	0.068
防城港市	−0.077	绵阳市	0.019	遵义市	0.018
钦州市	0.048	广元市	0.009	安顺市	0.010
贵港市	0.043	遂宁市	−0.071	昆明市	0.028
玉林市	−0.060	内江市	−0.010	曲靖市	0.058
百色市	0.041	乐山市	0.028	玉溪市	−0.046
贺州市	−0.006	南充市	−0.016	保山市	0.011
河池市	0.055	眉山市	−0.006	昭通市	−0.013
来宾市	0.017	宜宾市	0.017	丽江市	0.036
崇左市	−0.050	广安市	0.016	思茅市	0.025
重庆市	−0.048	达州市	−0.058	临沧市	0.029

（10）西北地区各个城市的比较。

西北地区两种情形下的全要素生产率年均增幅在八大区域中都是最低的。在考虑环境因素时，年均增幅为 1.2%，而不考虑环境因素的全要素生产率年均增幅为 2.1%，仅相差 0.9 个百分点，说明了环境因素影响较小。从不同年均的差距来看，仅有 2010 年和 2012 年环境全要素生产率大于传统全要素生产率，而其他年份都是相反的。虽然环境因素对西北地区两种情形下的全要素生产率影响差异小，但由于西北地区城市全要素生产率年均增幅小，也反映了其经济增长中，要素投入占据主导地位，全要素生产率贡献较小。在今后的经济增长中，西北地区必须改革原有的产业结构，提高技术对经济增长的贡献，尤其是环境全要素生产率对经济增长的贡献。

从西北地区各城市两种情形下的全要素生产率比较看，考虑环境因素后年均增幅下降幅度较大的城市有：嘉峪关市（7.5%）、吴忠市（6.4%）、酒泉市（6.2%）、银川市（5.1%）、石嘴山市（4.7%）、张掖市（4.1%）。而全要素生产率在考虑环境因素后出现上升的城市则分别为：金昌市（11.1%）、陇南市（2.3%）、平凉市（2.3%）、武威市（2.1%）和定西市（1.9%）。

表 4-18　　　　　西北地区环境 TFP 与传统 TFP 比较

城市	下降幅度	城市	下降幅度	城市	下降幅度
兰州市	0.019	平凉市	-0.023	吴忠市	0.064
嘉峪关市	0.075	酒泉市	0.062	固原市	0.031
金昌市	-0.111	庆阳市	0.004	中卫市	0.022
白银市	0.040	定西市	-0.019	乌鲁木齐市	0.040
天水市	0.034	陇南市	-0.023	克拉玛依市	0.030
武威市	-0.021	西宁市	0.040	石嘴山市	0.047
张掖市	0.041	银川市	0.051		

4.3.4　小结

本部分采用 2005—2012 年数据对我国 285 个地级市 2006—2012 年的环境全要素生产率进行了测算、分解和比较。研究表明：①城市环境全要素生产率呈现下降趋势。2006 年环境全要素生产率增长率为 4.60%，2007 年达到最大值 4.81%，之后趋于下降，2011 年仅为 1.17%，2012 年相较于前一年略有增长，为 2.65%。②技术进步是环境全要素生产率增长的主要贡献者。从环境全要素生产率的分解情况看，技术进步率最高为 2010 年的 7.1%，最低为 2011 年和 2012 年的 2.6%。技术效率在 7 个年份中有 3 个年份处于衰退状态，最大衰退为 -3.53%。技术效率年均增幅最高仅为 1.95%。③八大区域环境全要素生产率年均增幅差异较大。最高的是北部沿海地区，年均增长率为 4.5%；其他为东部沿海地区（4.41%）、东北地区（3.98%）、南部沿海地区（3.80%）、西南地区（3.64%）、长江中游地区（3.44%）、黄河中游地区（2.85%）、西北地区（1.24%）。整体而言，八大区域技术效率年均增长率差异不大，说明了技术进步是构成八大区域环境全要素生产率差异的主要来源。④地级市环境约束下的全要素生产率差异较大。排名前十位的城市依次为：深圳市（14.8%）、上海市（14.5%）、鄂尔多斯（12.5%）、金昌市（12.0%）、长沙市（11.4%）、佛山市（11.4%）、资阳市（11.0%）、三亚市（10.7%）、北京市（9.9%）、成都市（9.6%）。285个地级市中有13个城市出现了年均增长率为负的情况，这13个地级市分别为：平凉市（−12.4%）、海口市（−4.1%）、亳州市（−2.3%）、揭阳市（−2.2%）、梅州市（−2.0%）、伊春市（−1.6%）、邯郸市（−1.5%）、平顶山市（−1.4%）、宁德市（−1.3%）、佳木斯市（−0.4%）、吴忠市（−0.2%）、惠州市（−0.2%）、汕尾市（−0.1%）。⑤环境TFP与传统TFP的比较。不考虑环境因素时，285个地级市2006—2012年全要素生产率年均增长4.8%，而当考虑环境因素时，年均增幅仅为3.5%，下降了1.3个百分点，说明传统全要素生产率测算结果被高估。整体来看，两种情形下的全要素生产率都是不断下降的，但两种情形下的全要素生产率差距在不断缩小。与不考虑环境因素的全要素生产率比较看，八大区域中，多数区域环境约束下的全要素生产率出现了下降，仅有东部沿海地区和西南地区出现了轻微的上升，上升幅度很小，说明这两个地区出现了污染排放减少和经济增长协调发展的良好局面。

4.4 环境约束下长江流域主要城市全要素生产率测算[①]

从已有文献来看，对于全要素生产率的测算，投入指标多数采用资本存量和劳动力两个指标，而对于"好"产出指标，多采用实际GDP表示，但对于"坏"产出，则由于数据的可获取性以及研究的目标差异，选取的变量存在较大区别，主要有二氧化碳、二氧化硫、化学需氧量、废气排放量、废水排放量等。不同的变量选择可能会产生不同的测算结果，所以，对于变量的选择，常常根据研究的目的性及其数据获取的便利性。本部分拟采用长江流域沿线主要

---

① 张建升. 环境约束下长江流域主要城市全要素生产率研究 [J]. 华东经济管理，2014
（12）：59-63.

城市数据，对环境约束下的长江流域主要城市全要素生产率进行测算。

4.4.1 长江流域概况

长江流域地处整个中国版图的腰腹地带，涵盖了川、湘、鄂、赣、皖、苏、沪等11省市，面积约205万平方千米，流域面积占全国18%，人口占全国36%，地区生产总值占全国37%。自20世纪90年代开始，长江流域先后开发并形成了以重庆和成都为中心的长江上游城市群经济连绵带、以武汉为中心的中游城市群经济连绵带、以上海和南京为中心的长江下游城市群经济连绵带，这三大城市群经济带已成为全国工业生产和服务业最为密集的地区之一，长江流域经济带被誉为继中国沿海经济带之后最有活力的经济带。

2016年，《长江经济带发展规划纲要》正式颁布，标志着长江经济带建设正式上升为国家发展战略，这也是中国新一轮改革开放转型实施的新区域开放、开发战略。长江经济带是具有全球影响力的内河经济带、东中西互动合作的协调发展带、沿海沿江沿边全面推进的对内对外开放带，也是生态文明建设的先行示范带。

然而，在经济社会快速发展的同时，长江流域也同样面临环境污染严重、水质不断下降的困扰，入河污染物逐年增加，长江流域废污水排放量在20世纪70年代末为95亿t/a，20世纪80年代末为150亿t/a，20世纪90年代末超过200亿t/a，到2011年已达到342.1亿t/a，年均递增速度约为3%。长江流域工业废水排放量2001年为138.3亿吨，到2011年激增为227.3亿吨（周少林等，2013）。长江流域经济的快速发展同样面临着环境的刚性约束。

如何在实现经济快速发展的同时减少环境污染成为长江流域可持续发展的关键问题。而实证考察环境与经济之间关系的一种重要思路是探讨考虑环境污染时的全要素生产率的变化。全要素生产率是在生产过程中利用全部投入要素获得产出的能力水平的重要度量指标，最早由索洛（1957）提出，也称为"索洛余值"，目前已经在农业、制造业、服务业以及区域经济比较等领域广泛应用（刘秉镰，李清彬，2009；李希义，2013；辛玉红，李星星，2014），是经济增长问题最为流行的研究领域之一。但长期以来对传统全要素生产率的测算仅仅考虑了合意产出（GDP），并没有考虑非合意产出（例如碳排放量、工业废水等）对环境的影响，实际上是忽略了经济增长对社会福利的负面影响，无法反映出经济增长的真实绩效。传统全要素生产率的测度主要通过Malmquist指数，但该指数无法解决非合意产出问题。Chung等人（1999）在测度瑞典纸浆厂的全要素生产率时，引入方向性距离函数，并对Malmquist指数进行修正。修正后的 Malmquist 指数也被称为 Malmquist-Luenberger 指数，这个指数可以测度存在环境约束时的全要素生产率。近年来，国内一些学者已经采用 ML 指数对考虑环境因素的全要素生产率进行实证研究（王兵，吴延瑞等，2010；田银华，贺胜兵等，2011；李静，陈武，2013）。

城市是各种要素在空间聚集的产物，也是区域经济增长的核心地带。从发达国家经济发展历程来看，经济的发展与城市的发展是具有同步性的。城市经济的发展，是一个区域经济增长的核心动力，而城市的发展也同样面临效率问题。目前，我国已有不少学者采用不同方法、基于不同角度，对城市全要素生产率进行了研究。严斌剑、范金等人（2008）以南京市各区县城镇为研究对象，利用 Malmquist 指数法对 1991—2005 年的城镇全要素生产率进行了测算，并进一步将其分解为规模效率、技术效率和技术进步三个部分，认为技术进步是南京市城镇全要素生产率提升的主要推动因素，技术进步水平与研发资本存量间存在单向的因果关系。张钦和赵俊（2010）同样采用 Malmquist 指数法对我国 50 个地级以上的资源型城市的全要素生产率进行了研究，认为 1990—2007 年，受益于技术效率的改进，我国资源型城市的全要素生产率增长较为缓慢，平均仅为 0.8%。对处于不同区域、不同类别的资源型城市对比来看，由于技术水平所存在的差异导致了全要素生产率产生明显区别。管驰明和李春（2013）运用索洛残差法对上海市 1979—2011 年的全要素生产率进行了估算，并对其增长源泉进行定量分析。结论表明，全要素生产率对上海经济增长发挥着日益重要的作用。

从以上文献可以看出，虽然关于我国城市全要素生产率的研究已经较为丰富，但都没有考虑环境因素的影响。基于此，本部分试图在考虑环境因素的前提下，基于"绿色生产率"的视角，以我国长江流域沿线主要城市的投入产出数据为基础，测算并比较在考虑环境因素和未考虑环境因素两种情形下的全要素生产率，进而合理评价长江流域主要城市的经济发展绩效。

4.4.2 数据说明与变量选择

（1）数据说明。

由于工业废水统计口径的限制，本书采用 2003—2012 年中国长江流域沿岸 24 个地级市的投入产出数据。24 个地级市分别为（从长江上游至下游顺序排列）：攀枝花、宜宾、泸州、重庆、宜昌、荆州、岳阳、咸宁、武汉、鄂州、黄石、黄冈、九江、安庆、池州、铜陵、芜湖、马鞍山、南京、扬州、镇江、泰州、南通、上海。为便于比较分析，本书根据地理位置将以上各个地级市划分为长江上游、中游和下游三大地区。长江上游地区包括重庆市和四川省内的地级市；长江中游地区包括了湖北、湖南、江西、安徽所辖长江沿岸城市；江苏省内城市及上海市划归到长江下游地区。相关数据均来源于《中国城市统计年鉴》《中国统计年鉴》。由于《中国城市统计年鉴》中关于各城市数据的统计按照"全市""市辖区"两个口径进行统计，而第二、第三产业主要集中在城市，并且"全市"口径下的劳动力并未统计农村从业人员，根据本书研究目的，选择各城市"市辖区"口径下的数据进行分析。

（2）投入产出指标选择。

投入指标：选择资本存量和劳动力作为投入指标。劳动力（万人）是以各城市"年末单位从业人员数"和"城镇私营和个体从业人员"数据加总而得。资本存量（万元）采用"永续盘存法"进行计算，计算公式为：$K_{it} = K_{it-1}(1-\delta) + I_{it}/P_{it}$，$\delta$ 为折旧率，采用张军等学者（2004）的研究结果，取值为 9.6%。基年资本存量借鉴 Young（2000）的方法，以 2000 年固定资产投资总额除以 10% 作为初始资本存量。由于现行统计中没有关于各城市固定资产投资价格指数的数据，因此，为剔除价格因素的影响，计算结果采用各城市所属省份的固定资产投资价格指数折算为 2000 年不变价。

产出指标：包括"好"产出和"坏"产出。"好"产出为各城市生产总值，以其所在省份 GDP 平减指数折算为 2000 年不变价。对于"坏"产出，目前常用的指标包括二氧化碳、二氧化硫、化学需氧量、废水排放量等，考虑到废水对长江污染的危害更为严重，同时囿于数据的可获取性，本书采用"废水排放量"作为"坏"产出。对于废水排放总量的计算，以市辖区工业废水排放量和城镇居民生活污水排放总量加总表示。其中，对于工业废水排放量，由于目前仅统计了全市口径的工业废水排放量，未统计市辖区工业废水排放量，故本书采用市辖区限额以上工业总产值占比乘以全市工业废水排放量来近似市辖区工业废水排放量。城镇居民生活污水排放总量的计算根据环境科学部华南环境科学研究所的方法，计算公式为：$G = 365 \times N_c F \times 10$。其中：$G$ 表示城镇生活源水污染物年产生量（吨/年）；N_c 表示市辖区城镇常住人口（万人），在计算中以年末总人口数代替；F 表示城镇居民生活污水产生系数（升/人·天），各城市居民生活污水产生系数值同样采用环境科学部华南环境科学研究所的计算结果。

样本观测值的统计描述如表 4-19、4-20 所示：

表 4-19　　　　　　　　变量的描述性统计

	N	T	均值	标准差	最大值	最小值	单位
K	24	9	2 644.55	5 431.41	30 874.06	83.40	亿元
L	24	9	86.74	157.42	924.24	5.35	万人
Y	24	9	1 045.95	2 306.98	15 582.32	35.16	亿元
U	24	9	25 686	39 716	169 584	2 301	万吨

表 4-20　长江流域 24 个地级市投入产出数据平均值（2003—2012 年）

年份	劳动（万人）	资本（亿元）	地区生产总值（亿元）	污水排放量（万吨）
2003	71.49	1 523.62	557.06	26 849
2004	66.85	1 669.02	633.82	26 655
2005	76.45	1 844.03	723.19	26 235
2006	75.08	2 061.5	817.21	26 481
2007	78.42	2 313.3	930.54	25 707
2008	83.64	2 581.44	1 037.63	25 183
2009	92.77	2 961.86	1 202.89	25 264
2010	96.77	3 399.12	1 344.08	24 273
2011	109.69	3 805.02	1 523.77	25 254
2012	116.22	4 286.61	1 689.27	24 968

注：表中数据为作者根据《中国城市统计年鉴》相关数据整理所得。

4.4.3　实证分析结果

根据以上思路，采用长江流域沿线 24 个地级市相关数据，对考虑非期望产出的城市投入产出效率、全要素生产率进行实证分析：

（1）考虑非期望产出的生产前沿与投入产出效率。

表 4-21 显示了在考虑非期望产出的情况下，长江流域主要城市 2003—2012 年投入产出效率的平均值及变动情况，从表 4-21 来看：

①长江流域各城市投入产出效率差异较大，但差异在逐渐缩小。样本期间，位于生产前沿上的城市数量最多的年份为 2012 年，有 6 个城市；其次，在 2003 年和 2009 年分别有 5 个位于生产前沿。总体数量占样本数量的比例仅

为20%多,反映了技术无效率是长江流域主要城市的普遍现象。从十年的平均值来看,始终处于生产前沿面上的城市只有上海市,效率值最低的5个城市分别为:黄冈市(0.399)、池州市(0.417)、重庆市(0.424)、咸宁市(0.439)、荆州市(0.446),均为长江中上游城市;从各年份的变异系数值来看,各城市在2003年的变异系数值为0.322,而到2011年和2012年分别为0.293和0.307,说明环境约束下的各城市技术效率值虽然差异较大,但这种差异在逐渐缩小。

②分区段来看,长江上、中、下游城市投入产出效率呈现从低到高的阶梯式分布。长江上游城市投入产出效率平均值为0.558,中游城市为0.629,下游城市均值为0.787。这一分布特征与中国东、中、西部地区的经济发展特征较为相似。

③长江流域各城市投入产出效率变化差异较大。为分析各城市在不同年份投入产出效率的变化情况,进一步计算了其变异系数,从结果来看,宜宾市、黄石市、铜陵市、镇江市和攀枝花市5个城市的变异系数最大。以宜宾市为例,在2011年和2012年技术效率值均为1,处于生产前沿面上,而在其他年份中,最低的技术效率值仅为0.469,说明部分城市技术效率不稳定,变化差异大。

表4-21   各城市考虑非期望产出的技术效率值及变异系数

地区	技术效率	变异系数	地区	技术效率	变异系数
攀枝花市	0.680	0.203	池州市	0.417	0.156
宜宾市	0.629	0.324	铜陵市	0.877	0.222
泸州市	0.512	0.104	芜湖市	0.675	0.104
重庆市	0.424	0.142	马鞍山市	0.944	0.126
宜昌市	0.544	0.085	南京市	0.660	0.093
荆州市	0.446	0.078	扬州市	0.899	0.110
岳阳市	0.913	0.129	镇江市	0.720	0.212
咸宁市	0.439	0.090	泰州市	0.622	0.156
武汉市	0.677	0.074	南通市	0.819	0.139
鄂州市	0.611	0.056	上海市	1.000	0.000
黄石市	0.730	0.273	长江上游	0.558	
黄冈市	0.399	0.127	长江中游	0.629	

表4-21(续)

地区	技术效率	变异系数	地区	技术效率	变异系数
九江市	0.593	0.168	长江下游	0.787	
安庆市	0.540	0.112			

（2）两种情形下的全要素生产率及其分解。

表4-22、表4-23分别显示了在不考虑环境因素和考虑环境因素两种情形下，长江流域主要城市全要素生产率随时间的动态演进趋势及各城市之间的差异。

从表4-21可以看出：

①当考虑环境因素时，长江流域城市全要素生产率明显下降。在不考虑环境因素的情况下，2003—2012年，长江流域城市全要素生产率年均增长2.8%；而当考虑环境因素时，全要素生产率年均增长率降低为2.3%，年均下降0.5个百分点。这说明不考虑环境因素的TFP被高估。

②长江流域城市全要素生产率不断增长，技术进步是其增长的主要源泉。对不考虑环境因素的全要素生产率分解表明，技术进步率年均增长1.5%，效率改善值年均为1.3%，两者差距并不大；但当考虑环境因素时，技术进步率为2.8%，技术效率则出现了轻微的变化，年均下降0.3%。这一结果表明，环境约束下长江流域城市全要素生产率的增长主要是技术进步的贡献，技术效率贡献值较小甚至为负影响。

③样本期间，长江流域城市全要素生产率增长率整体呈现"V"字形演变。从图4-9可以清晰地看出，从2004年开始，城市TFP整体呈现不断下降态势，ML指数2009年最低，TFP增长率为-1.7%；M指数2010年最低，TFP增长率为-0.9%；分析认为这可能是由于全球金融危机的影响所致，在金融危机过后，经济开始逐步恢复，到2011年全要素生产率增长分别为2.7%和2.8%，2012年分别为1.0%和3.8%。

表4-22　　两种情形下的全要素生产率及其分解：时间趋势

年份	情形1：不考虑环境因素			情形2：考虑环境因素		
	M	EFFCH	TECH	ML	MLEFFCH	MLTECH
2003—2004	1.077	1.049	1.027	1.048	0.987	1.062
2004—2005	1.074	0.902	1.191	1.064	1.022	1.041

表4-22(续)

年份	情形1：不考虑环境因素			情形2：考虑环境因素		
	M	EFFCH	TECH	ML	MLEFFCH	MLTECH
2005—2006	1.053	1.103	0.954	1.036	0.982	1.055
2006—2007	1.010	0.985	1.025	1.013	0.984	1.029
2007—2008	1.025	1.058	0.969	1.010	1.011	0.999
2008—2009	0.991	1.030	0.962	0.983	0.993	0.990
2009—2010	0.989	1.001	0.988	1.003	0.972	1.032
2010—2011	1.027	0.935	1.099	1.028	0.998	1.030
2011—2012	1.010	1.071	0.942	1.038	1.022	1.016
平均值	1.028	1.013	1.015	1.023	0.997	1.028

注：表格中数值均为各城市所对应指数的几何平均值。

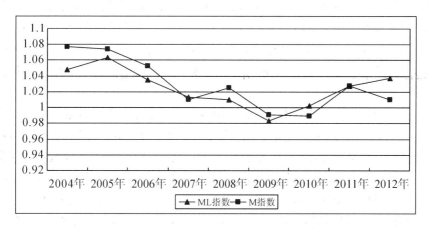

图4-9　不同年份两种情形下TFP值的变动情况

从表4-23可以看出，在样本期间：

①长江流域城市全要素生产率增长差异较大。从环境约束下的城市全要素生产率增长情况来看，长江流域24个城市中，只有鄂州市、南京市和岳阳市3个城市出现了全要素生产率的倒退，年均下降幅度分别为1.3%、0.8%和4.4%。年均增长排名前5位的城市分别为：宜宾市（6.6%）、马鞍山市（5.6%）、上海市（5.5%）、宜昌市（4.6%）、芜湖市（4.5%）。

②多数城市在技术进步快速提高的同时，技术效率明显恶化。在24个城市中，只有宜宾市、泸州市等4个城市技术效率得到改善，重庆市、岳阳市等

6个城市技术效率不变，其他城市技术效率都出现恶化，进一步说明了技术效率恶化是阻碍长江流域城市绿色全要素生产率提高的主要原因。

③环境约束对不同城市全要素生产率的影响差异较大。当考虑环境因素时，多数城市全要素生产率增幅出现明显下降，但下降幅度并不相同，增幅下降最大的城市为铜陵市，下降6.7%，其他下降较多的城市及下降幅度为：宜昌市（3.4%）、岳阳市（3.5%）、鄂州市（3.3%）和攀枝花市（2.7%）。

④分区段来看，不考虑环境因素时，长江上、中、下游城市全要素生产率年均增长分别为4.6%、2.6%和2.1%；而考虑环境因素时，上、中、下游城市全要素生产率年均增长分别为3.6%、1.9%和3.0%。两种情形下长江上游城市全要素生产率都明显高于中下游城市，中下游城市TFP总体接近，说明近年来随着中西部地区经济的快速发展，长江中下游城市经济发展也明显提速，东中西差异不断缩小。但两种情形下的比较可以看出，当考虑环境因素时，长江上游、中游城市TFP增长幅度分别降低了1.0%和0.7%，说明这两个区段的城市在经济快速发展的同时，也产生了大量的污染。而长江下游城市的全要素生产率在考虑环境因素时，则由原来的2.1%提升为3.0%，说明了长江下游城市在城市的快速发展过程中，更加注重环境污染的治理和保护，将环境友好提升到了与经济发展同等重要的地位，实现环境与经济的良性互动发展。

⑤对两种情形下长江上、中、下游城市全要素生产率的分解结果对比表明，当忽略环境因素的影响时，均高估了技术效率改善对全要素生产率的贡献而低估了技术进步的贡献。当考虑环境因素时，长江中游地区城市技术效率由原来的年均增幅1.2%下降为衰退0.4%，技术进步则由1.4%提高到2.3%；长江下游地区城市技术效率由原来的年均增长0.1%下降为衰退1.2%，技术进步则由1.1%提高到4.2%；变动最明显的为长江上游地区，技术效率由年均增幅3.7%下降为1.2%，技术进步则由0.8%增长为2.4%。

表4-23　　两种情形下的全要素生产率及其分解：区域差异

地区	不考虑环境因素			考虑环境因素		
	M	EFFCH	TECH	ML	MLEFFCH	MLTECH
攀枝花市	1.058	1.048	1.010	1.031	0.994	1.037
宜宾市	1.077	1.072	1.005	1.066	1.041	1.023
泸州市	1.036	1.026	1.010	1.020	1.014	1.007

表4-23(续)

地区	不考虑环境因素			考虑环境因素		
	M	EFFCH	TECH	ML	MLEFFCH	MLTECH
重庆市	1.015	1.005	1.009	1.029	1.000	1.029
宜昌市	1.080	1.052	1.027	1.046	0.994	1.052
荆州市	1.024	1.015	1.009	1.008	0.982	1.026
岳阳市	0.991	0.988	1.003	0.956	1.000	0.956
咸宁市	1.027	1.018	1.009	1.023	0.997	1.025
武汉市	1.040	1.027	1.012	1.039	1.010	1.029
鄂州市	1.020	1.010	1.010	0.987	0.989	0.997
黄石市	0.971	0.952	1.020	1.003	0.977	1.027
黄冈市	1.019	1.010	1.009	1.028	1.000	1.029
九江市	0.999	0.991	1.009	1.014	0.983	1.032
安庆市	1.056	1.044	1.011	1.036	0.999	1.038
池州市	0.993	0.983	1.011	1.009	0.984	1.026
铜陵市	1.083	1.074	1.009	1.016	1.030	0.987
芜湖市	1.015	1.002	1.013	1.045	0.997	1.048
马鞍山市	1.048	1.004	1.043	1.056	1.000	1.056
南京市	1.013	0.998	1.016	0.992	0.981	1.011
扬州市	1.030	1.017	1.013	1.037	1.000	1.037
镇江市	0.982	0.967	1.015	1.034	0.980	1.055
泰州市	1.003	0.976	1.028	1.022	0.975	1.048
南通市	1.022	1.006	1.016	1.040	0.993	1.047
上海市	1.078	1.041	1.036	1.055	1.000	1.055
几何平均	1.028	1.013	1.015	1.023	0.997	1.028

注：表格中数值均为各地区不同年份所对应指数的几何平均值。

4.4.4 小结

本部分采用方向性距离函数和ML生产率指数，对考虑非期望产出下的生产前沿与技术效率，以及考虑环境因素和不考虑环境因素两种情形下我国长江流域2003—2012年24个城市的全要素生产率进行了测度。主要得出以下几点结论：①当考虑非期望产出时，只有上海市始终处于生产前沿面；技术无效率是长江流域主要城市的普遍现象，各城市之间投入产出效率差异大且不稳定；各城市变异系数值由2003年的0.322下降为2012年的0.307，说明环境约束下的各城市技术效率值虽然差异较大，但这种差异在逐渐缩小；分区段来看，长江上、中、下游城市技术效率呈现从低到高的阶梯式分布。②从长江流域城市全要素生产率随时间的演变趋势来看，全要素生产率增长率从2003年开始整体呈下降趋势，金融危机之后又开始不断提升；当考虑环境因素时，长江流域城市全要素生产率出现明显下降，说明不考虑环境因素的TFP被高估；长江流域城市全要素生产率不断增长，技术进步是其增长的主要源泉。③从长江流域各城市全要素生产率之间的差异来看，多数城市在技术进步快速提高的同时，技术效率明显恶化，进一步说明了技术效率恶化是阻碍长江流域城市绿色全要素生产率提高的主要原因；环境约束下的城市全要素生产率增长差异大，只有鄂州市、南京市和岳阳市3个城市出现了全要素生产率的倒退，其他城市全要素生产率都不断增长；两种情形下长江上游城市全要素生产率都明显高于中下游城市，但当考虑环境因素时，长江上游、中游城市TFP增长幅度分别降低了1.0%和0.7%，说明这两个区段的城市在经济快速发展的同时，也产生了大量的污染；进一步的分解结果说明，忽略环境因素时技术效率改善值被明显高估，而技术进步对全要素生产率的贡献则被低估。

近年来，随着成渝经济区的规划建设、西部大开发和中部崛起战略的实施，地处中西部地区的长江中上游城市的经济发展明显提速，这一方面归功于资本、劳动力等生产要素的大量投入，另一方面应当归功于全要素生产率的快速增长，这已被本书的研究结果所证实。根据"波特假说"，环境约束在增加城市发展成本的同时，会激励城市管理者采取有利于经济发展和资源节约、环境友好的新技术，产生提高城市发展效率的"创新补偿"效应，从本书的研究结果看，长江下游城市已开始出现"波特双赢"局面。但我们也必须清楚地看到，当考虑环境因素的影响时，长江中上游城市的全要素生产率增幅却出现了明显下降趋势，说明长江中上游城市经济在快速发展的同时，对环境污染及治理的关注度还不够。为保护长江水质安全以及实现流域经济社会的可持续发展，长江中上游城市必须将环境保护提升到与经济发展同等重要的地位，在促进城市发展效率提升的同时，加强对环境污染的治理。一是政府应通过环境税、排放权交易等市场化举措，引导和激励企业进行生产技术与污染治理技术的创新和应用，使企业减排变被动为主动，节能降耗和减排不再是企业发展的刚性约束；二是提高环境规制强度，通过环境规制政策的制定和实施，引导资本、劳动力和技术等要素的流向，提高城市化进程中的要素配置效率；三是依托长江经济带上升为国家战略这一契机，强化长江沿岸各城市之间的政府合作和企业合作，健全落实区域联动执法机制，协同长江流域环境治理工作，形成上中下游联手防污、治污的格局，最终实现长江流域城市经济发展与环境友好的"波特双赢"。

4.5　环境全要素生产率的时空演变

对于全要素生产率的区域差异变动情况，传统研究思路大都是采用基尼系数、GE（Generalized Entropy）指数和变异系数等来衡量地区之间的增长差异程度。但是，这些不平等指标反映的仅仅是全要素生产率整体的离散情况，并无法刻画全要素生产率的分布状况，也无法揭示收敛的动态性和长期趋势，无法体现多重稳态带来的分层收敛和多峰收敛。因此，本部分采用 Quah 提出的一种全新的增长趋同研究方法——分布动态法（MEDD）来考察全要素生产率分布的演化历程及发展趋势。

分布动态法是 Quah 于 20 世纪 90 年代提出的，该方法可以很直观地描述所考察区域变量分布的形状和分布随时间的动态演变，这对于研究趋同问题的传统分析方法而言具有非常明显的优势，是一种更能描述事实现象的一种非参数的估计方法。动态分布法包括核密度估计法和马尔可夫链方法，前者将原有序列作为连续状态处理，而后者将原有序列作为离散状态处理。本部分采用核密度估计方法进行分析[①]。

假设随机变量 X_1，X_2，$\cdots$，X_N 同分布，其经验分布函数为：

$$F_n(y) = \frac{1}{N} \sum_{i=1}^{N} \theta(X_i \leqslant y) \tag{4-11}$$

式（4-11）中，$\theta(z)$ 为指标函数，N 为观测值数目，$X_i \leqslant y$ 是条件关系式，当 $X_i \geqslant y$，$\theta(z) = 0$；当 $X_i \leqslant y$ 时，$\theta(z) = 1$。取核函数为均匀核，则核密度估计为：

$$f(x) = [F_n(x+h) - F_n(x-h)] / 2h = \frac{1}{hN} \sum_{i=1}^{N} \eta_0 \left(\frac{x - X_i}{h} \right) \tag{4-12}$$

---

① 高铁梅. 计量经济分析方法与建模 [M]. 北京：清华大学出版社，2006.

式（4-12）中，h 为带宽，将核函数放宽就得到一般的核密度估计：

$$f(x) = \frac{1}{hN} \sum_{i=1}^{N} \eta(\frac{x - X_i}{h}) \tag{4-13}$$

式（4-13）中，η 为核函数。

根据以上思路，对2001—2013年中奇数年份环境约束下的全要素生产率和不考虑环境因素的全要素生产率分布进行分析，结果见图4-10、图4-11。

考察期内分布概率密度函数的形态能够反映全要素生产率是否出现两极分化现象。如果分布的概率密度函数呈现"单峰"形状，则说明全要素生产率分布向唯一的均衡点收敛，不存在多重均衡；如果分布的概率密度函数呈现"双峰"或者"多峰"形状，则表明全要素生产率分布分别向着高水平和低水平两个均衡点或者更多均衡点收敛，由此认为全要素生产率的地区差异出现了两极分化或者多极分化现象（张建升，2011）。为进一步揭示全要素生产率分布的动态演进趋势，我们选择 Epanechnikov 核函数和 Silverman 最佳带宽，利用核密度估计给出全要素生产率在主要年份的密度分布。

图4-10显示的是不考虑环境因素时全要素生产率的分布状态。从不同年份分布图的比较可以看出，仅有2001年全要素生产率呈现明显的一大一小双峰分布状态，主峰位于1.06~1.10，而小峰则位于1.12~1.14，表明该时期各地区全要素生产率呈现明显的双极分化现象，即两个"俱乐部"。而2003年之后，则一直呈单峰分布状态，表明各地区全要素生产率向单一均衡点收敛。从左右拖尾来看，趋势也较为明显，左拖尾不断延长，在2001年为1.05左右，逐渐延长到2005年的0.95、2007年的0.90、2009年的0.85；右拖尾也存在向右延展趋势，但整体变动较小，2001年为1.14左右，2007年达到最大，接近1.20，2009年后有所缩小。左右拖尾的延伸表明了各地区全要素生产率差异的扩大趋势。

图4-11显示的是考虑环境因素时全要素生产率的分布状态。从不同年份的分布来看，每个年份都呈现一个主峰、多个小峰的状态，表明全要素生产率虽然呈现多极分化现象，但整体向主要的均衡点收敛。进一步根据密度分布图的移动和跨度来看，2001—2007年，环境全要素生产率主峰位于1.0~1.1，而2009—2013年，主峰则逐渐向左移动，表明多数地区环境全要素生产率年均增幅逐渐降低。从右拖尾看，变动相对较大，2001年位于1.3~1.4，2003年有所缩小，位于1.2~1.3，2005年达到最大，位于1.4~1.5，之后又不断减小。而左拖尾的变动趋势较为明显，整体是不断向左移动的，从2001年位于0.9~1.0，逐渐左移到2005年的0.9、2007年的0.8，到2009年和2013年位

于 0.6~0.7，表明环境约束下的全要素生产率差距逐渐扩大，进一步验证了其变异系数的计算结果。

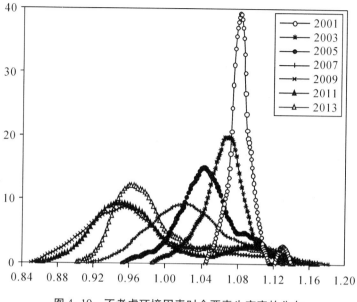

图 4-10　不考虑环境因素时全要素生产率的分布

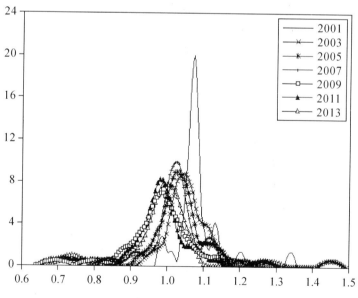

图 4-11　考虑环境因素时全要素生产率的分布

4.6 结论

本章分别基于三个层面，从省级层面、城市层面、流域层面对我国 30 个省份、285 个地级市、长江流域 24 个城市环境约束下的全要素生产率进行了测算，并与不考虑环境因素的测算结果进行了对比分析，最后对两种情形下各地区的全要素生产率分布动态进行了分析。

1. 省级层面的环境全要素生产率测算及比较

本部分以资本存量、劳动力作为投入指标，以地区生产总值和二氧化硫为产出指标，采用 ML 指数对我国 30 个省份的环境全要素生产率进行测算。研究结果表明：①我国各地区全要素生产率不断增长。2001—2014 年，环境约束下的各地区全要素生产率年均增幅为 2.6%，其中，技术进步年均提升 4.1%，而技术效率则出现恶化，年均下降 1.4%，说明技术进步是影响中国各地区全要素生产率增长的主要因素。②从时间趋势来看，中国各地区全要素生产率增长速度逐渐下降。2001—2007 年，环境约束下的中国全要素生产率从年均增长 8.2% 逐渐下降到 2.4%，并且从 2008 年开始，全要素生产率出现明显下降，2008 年 TFP 下降 1.2%，2009 年下降 2.8%，2010 年下降 3.1%，2011 年下降 1%，2014 年增长 2.8%。从其分解来看，全要素生产率增速下降，其主要原因是技术进步增速下降。③从区域差异来看，中国各地区全要素生产率年均增速差异较大。东部地区最高、中部次之、西部地区最低。④考虑环境因素和不考虑环境因素两种情形下的 TFP 比较。从比较结果来看，当考虑环境因素时，中国全要素生产率出现下降，说明传统方法所测算的中国 TFP 值被高估。从东部、中部和西部三大地区比较看，考虑环境因素时东部地区 TFP 年均增长率高于不考虑环境因素时的 TFP 值，而中西部地区的全要素生产率则因为考虑环境因素而出现了下降，尤其是西部地区，年均增长率均值由 2% 下降到 0.3%，说明东部地区出现"环境与经济发展双赢"局面。

2. 城市层面环境全要素生产率测算及比较

采用 2006—2012 年 285 个地级市数据，并以资本存量、劳动力作为投入指标，以地区生产总值和工业二氧化硫为产出指标，采用 ML 指数对各城市的环境全要素生产率进行测算。研究结果表明：①城市环境全要素生产率呈现下降趋势。2006 年环境全要素生产率增长率为 4.60%，2007 年达到最大值 4.81%，之后趋于下降，2011 年仅为 1.17%，2012 年相较于前一年略有增长，为 2.65%。整体而言，城市环境 TFP 呈现下降趋势。这一走势和主要地级市不考虑环境因素时的全要素生产率是基本一致的。②从环境全要素生产率的分解情况看，技术进步是环境全要素生产率增长的主要贡献者，技术进步率最高为 2010 年的 7.1%，最低为 2011 年和 2012 年的 2.6%。技术效率在 7 个年份中有 3 个年份处于衰退状态，最大衰退为 -3.53%。技术效率增长率最高也仅为 1.95%。③从八大区域环境全要素生产率年均增长率排名来看，最高的是北部沿海地区，年均增长率为 4.5%；其他为东部沿海地区（4.41%）、东北地区（3.98%）、南部沿海地区（3.80%）、西南地区（3.64%）、长江中游地区（3.44%）、黄河中游地区（2.85%）、西北地区（1.24%）。④从变动趋势来看，2006—2012 年，八大区域中的东北地区、南部沿海地区、长江中游地区、西南地区、西北地区下降趋势较为明显，而东部沿海地区、北部沿海地区和黄河中游地区则下降趋势并不明显，其中，东部沿海地区除 2011 年出现了明显下降外，2010 年和 2012 年环境全要素生产率年均增长率分别为 5.52% 和 7.31%，均高于 2006—2009 年的增长率，说明不同区域环境全要素生产率差异较大，也反映了近年来的经济增长质量差异。⑤各城市环境全要素生产率比较。通过对 285 个地级市 2006—2012 年环境约束下的全要素生产率进行比较，发现样本期间各城市环境全要素生产率年均增长率差异巨大，排名前十位的城市依次是：深圳市（14.8%）、上海市（14.5%）、鄂尔多斯（12.5%）、金昌市（12.0%）、长沙市（11.4%）、佛山市（11.4%）、资阳市（11.0%）、三亚市（10.7%）、北京市（9.9%）、成都市（9.6%）。285 个地级市中有 13 个城市出现了年均增长率为负的情况，这 13 个地级市分别为：平凉市（-12.4%）、海口市（-4.1%）、亳州市（-2.3%）、揭阳市（-2.2%）、梅州市（-2.0%）、伊春市（-1.6%）、邯郸市（-1.5%）、平顶山市（-1.4%）、宁德市（-1.3%）、佳木斯市（-0.4%）、吴忠市（-0.2%）、惠州市（-0.2%）、汕尾市（-0.1%）。⑥不考虑环境因素时，285 个地级市 2006—2012 年全要素生产率年均增长 4.8%，而当考虑环境因素时，年均增幅仅为 3.5%，下降了 1.3 个百分点，说明传统全要素生产率测算结果被高估。整体来看，两种情形下的全要素生产率都是不断下降的。但两种情形下的全要素生产率差距在不断缩小，且 7 个年份中，有 2010 年和 2012 年两个年份的环境全要素生产率高于传统全要素生产率，一定程度上体现了最近一两年来，在经济仍保持较快增长的同时，污染排放增速下降的事实。

3. 长江流域主要城市环境全要素生产率测算及比较

选择资本存量和劳动力作为投入指标；采用"废水排放量"作为坏产出，

地区生产总值作为好产出。对长江流域 24 个主要地级市全要素生产率进行了测算。研究结果表明：①当考虑非期望产出时，只有上海市始终处于生产前沿面；技术无效率是长江流域主要城市的普遍现象，各城市之间投入产出效率差异大且不稳定；各城市变异系数值由 2003 年的 0.322 下降为 2012 年的 0.307，说明环境约束下的各城市技术效率值虽然差异较大，但这种差异在逐渐缩小；分区段来看，长江上、中、下游城市技术效率呈现从低到高的阶梯式分布。②从长江流域城市全要素生产率随时间的演变趋势来看，全要素生产率增长率从 2003 年开始整体为下降趋势，金融危机之后又开始不断提升；当考虑环境因素时，长江流域城市全要素生产率出现明显下降，说明不考虑环境因素的 TFP 被高估；长江流域城市全要素生产率不断增长，技术进步是其增长的主要源泉。③从长江流域各城市全要素生产率之间的差异来看，多数城市在技术进步快速提高的同时，技术效率明显恶化，进一步说明了技术效率恶化是阻碍长江流域城市绿色全要素生产率提高的主要原因；环境约束下的城市全要素生产率增长差异大，只有鄂州、南京和岳阳 3 个城市出现了全要素生产率的倒退，其他城市全要素生产率都不断增长；两种情形下长江上游城市全要素生产率都明显高于中下游城市，但当考虑环境因素时，长江上游、中游城市 TFP 增长幅度分别降低了 1.0% 和 0.7%，说明这两个区段的城市在经济快速发展的同时，也产生了大量的污染；进一步的分解结果说明，忽略环境因素时技术效率改善值被明显高估，而技术进步对全要素生产率的贡献则被低估。

4. 全要素生产率分布的动态演进

①不考虑环境因素时全要素生产率的分布状态。2001 年全要素生产率呈现明显的"双峰"分布状态，表明该时期各地区全要素生产率呈现明显的双极分化现象，即高低两个"俱乐部"。而 2003 年之后，则一直呈单峰分布状态，表明各地区全要素生产率向单一均衡点收敛。从左右拖尾来看，趋势也较为明显，左拖尾不断延长；右拖尾也存在向右延展趋势，但整体变动较小。左右拖尾的延伸表明了各地区全要素生产率差异的扩大趋势。②考虑环境因素时全要素生产率的分布状态。从不同年份的分布来看，每个年份都呈现一个主峰，多个小峰的状态，表明全要素生产率虽然呈现多极分化现象，但整体向主要的均衡点收敛。进一步根据密度分布图的移动和跨度来看，主峰则逐渐向左移动，表明多数地区环境全要素生产率年均增幅逐渐降低。从右拖尾看，变动相对较大，而左拖尾的变动趋势较为明显，整体是不断向左移动的，表明环境约束下的全要素生产率差距逐渐扩大，进一步验证了其变异系数的计算结果。这与两种情形下对不同城市全要素生产率的测算结果也是相互支持的。

第5章 城市环境全要素生产率的影响因素及其贡献

5.1 理论分析

5.1.1 相关研究

对全要素生产率影响因素的研究，现有文献主要从区域层面和产业层面展开，从研究结论来看，基于不同地区、不同行业的实证研究结果并不统一。张浩然和衣保中（2012）利用我国十大城市群面板数据，分析了城市群空间结构、人口规模、产业结构、政府活动等对全要素生产率的影响。研究结果表明，人口规模、第二和第三产业增加值占比对全要素生产率具有明显的促进作用，道路密度、电话普及率和邮电业务的发展对全要素生产率也有正向影响，但政府的经济活动参与度却对全要素生产率的提高产生了负向影响。刘生龙和胡鞍钢（2010）将基础设施分为三大类，即交通基础设施、能源基础设施和信息基础设施，然后利用我国 1988—2007 年的面板数据验证了这三大网络性基础设施对经济的溢出效应。研究结果表明，交通基础设施和信息基础设施对我国的经济增长有着显著的溢出效应，而能源基础设施对经济增长的溢出效应并不显著。刘秉镰、武鹏和刘玉海（2010）运用空间面板计量方法对我国的交通基础设施建设与 TFP 增长之间的关系进行了实证检验。从结果来看，地区间的 TFP 在 1997—2007 年 10 年间具有显著的空间相关性；交通基础设施显著促进了 TFP 增长。郑丽琳和朱启贵（2013）在对我国各地区考虑能源和环境双重因素下的全要素生产率进行测算的基础上，从规模、管理、科技进步与对外开放等方面分析了全要素生产率的影响因素。研究结果表明，人均 GDP、第三产业发展、政府对污染的控制力度、国民素质提高、研发投入的增加等对全要素生产率产生正向影响，而第二产业的增长则由于目前的粗放型增长不利于 TFP 增长。戴永安（2010）采用随机前沿生产函数分析法对我国城市全要素生产率进行了测算，并对影响因素进行了研究。结果表明，城市的初始状态、所在区位、空间集聚水平、产业结构效益与基础设施水平对各城市化效率存在显著的正向作用，人口因素和政府的作用却限制了城市化效率的提高。张浩然和衣保中（2012）采用 2003—2009 年城市面板数据，采用空间杜宾模型检验了基础设施及其空间外溢效应与全要素生产率的关系。结果表明，在控制了经济密度、FDI 和产业结构等变量条件下，通信基础设施和医疗条件两个变量都能够显著提高一个城市的 TFP，同时，这种影响存在城市间的溢出效应；人力资本变量以及交通基础设施建设水平对城市 TFP 有积极正向影响，但未产生空间溢出效应。刘勇（2010）对中国工业 TFP 的变动趋势以及影响因素进行了分析。研究结果表明，2002 年后的工业 TFP 呈现为逐渐增长趋势。从东部、中部和西部三大地区的比较看，中部地区 TFP 最高，其次为东部地区，最低的为西部地区。从影响因素看，经济的空间集聚对 TFP 产生了促进作用；而国有经济比重则产生负向影响。此外，全国层面和东部地区的 R&D 活动均对 TFP 产生正向影响，但这一变量对全要素生产率的影响在中西部地区并未得到验证。人力资本水平变量对工业 TFP 的影响并不显著。梅国平、甘敬义和朱清贞（2014）基于空间关联视角测算了资源环境约束下的地区 TFP，并对影响因素进行实证分析，认为当前我国 29 个省区普遍处于环境无效率状态，资源环境约束下我国 TFP 总体表现为显著的增长效应，但各地区间存在较大差异。人均 GDP 及其平方项的系数对 TFP 增长具有显著正向影响，而要素禀赋、产业结构、能源结构的回归系数均为负值；FDI 具有推动全要素生产率增长的作用，与其他研究中关于 FDI 加剧东道国环境污染的结论不相符，科技创新对 TFP 具有显著正向影响。李小胜、余芝雅和安庆贤（2014）采用 DEA 模型对环境约束下的 TFP 进行了测算，认为我国各地区 TFP 指数年均增长 2.94%，技术进步指数是构成环境 TFP 指数增长的主要来源，空间面板 Tobit 回归模型的结果则表明，对外开放水平的提高一定程度上会导致环境 TFP 的下降；人均收入对环境 TFP 增长产生正向作用，而人均收入的平方项系数则产生负向影响，表明经济发展水平与环境之间存在促进关系，同时也验证了"环境库兹涅茨曲线"的存在。

从以上研究来看，学者们对于全要素生产率影响因素的选择、研究角度、衡量指标和结果均存在差异。从解释变量对全要素生产率的影响来看，多数研究支持人口规模、交通基础设施、通信基础设施、第二产业所占比重、产业空间集聚、R&D活动等对全要素生产率产生正向影响，但也有少数文献对部分解释变量的实证结果存在差异，例如郑丽琳和朱启贵（2013）的研究认为第二产业的增长不利于全要素生产率的增长。梅国平、甘敬义和朱清贞（2014）研究认为外商直接投资具有推动全要素生产率增长的作用。

5.1.2　环境全要素生产率的影响因素①

通过对已有研究的总结，可以发现，前期研究主要从科技进步、交通基础设施水平、经济发展水平、产业结构、地理位置等角度进行分析，并且多数是对不考虑环境因素的省级区域全要素生产率增长原因进行研究。本部分在已有研究的基础上，从多个角度对考虑环境因素的城市全要素生产率增长影响因素进行探讨。对影响环境约束下的全要素生产率增长因素的选择，既要考虑对传统全要素生产率可能产生影响的因素，又要考虑因为环境规制所产生的因素，本部分拟选择以下变量进行研究：

（1）人力资本（Hum）。人力资本的积累可以产生递增的收益并使其他投入要素的收益递增，即对经济增长会产生溢出效应，对于投入产出效率和全要素生产率增加具有促进作用。新增长理论将技术内生化，认为人力资本和知识积累在经济发展中扮演着极为重要的角色。舒尔茨（T. W. Schultz，1962）关于人力资本的理论认为，人力资本体现在劳动者所承载的知识、能力和健康，人力资本影响着经济增长。丹尼森进一步对舒尔茨的人力资本理论进行了发展和改进，认为人力资本中的教育因素对经济增长有着更为重要的影响。目前，对于人力资本的衡量，主要有每万人在校大学生数、每万人科研人员数、受教育程度等。考虑到城市相关数据的可获取性，本书中人力资本以每万人在校大学生数表示。

（2）基础设施（Ins）。交通、通信等基础设施是经济增长的重要决定因素，其发展水平的提高，一方面有利于增强区域间商品和人口的流动，从而加快知识与技术的扩散，对全要素生产率提高具有重要影响；另一方面，基础设施的改善也能够有效促进一个城市运输成本、交易成本的降低，优化资源配置，提高经济效益；同时，发达的基础设施往往也能够增强一个城市的经济辐射力，形成规模经济。对于交通基础设施，以往对于省级区域的比较研究中，多采用铁路密度和公路密度等表示，由于现有城市统计数据中并未对此指标进行统计，故本书以人均城市道路面积（Road）表示交通基础设施建设水平，

---

① 张建升. 我国主要城市群环境绩效差异及其成因研究 [J]. 经济体制改革，2016（1）：57-62.

以每万人国际互联网用户数（Int）表示通信基础设施建设水平。

（3）外商直接投资（FDI）。改革开放以后，中国吸引外商直接投资总额不断增长，目前仅次于美国，排名第二位。对于我国过去三十年的经济增长，FDI 起到了至关重要的作用，尤其是对于我国的就业、地方政府税收等贡献颇大。但对于外资是否促进我国企业的技术进步、是否产生了技术外溢则产生了不同的结论。目前主要有三种观点：第一种是 FDI 对提高我国全要素生产率具有明显的促进作用；第二种观点则相反，即现有数据无法证明 FDI 对我国企业全要素生产率提高产生显著影响；第三种观点较为折中，认为外商直接投资发挥技术溢出效应，存在一定的门槛，即需要外商直接投资地区具有一定高度的人力资本条件。也就是说，只有当一个地区的人力资本达到一定水平时，FDI 才会产生明显的外溢效应，这也是 FDI 在我国不同地区产生不用技术溢出的主要原因。但从以往文献来看，多数研究支持第一种观点。根据技术溢出理论，外商直接投资由于带来了更为先进国家的生产技术、管理水平，FDI 必然会对东道国产生技术溢出，从而促进东道国企业技术进步和技术效率的提高；另外，外商直接投资规模也能反映一个城市的对外开放水平。考虑到各城市经济规模以及外商直接投资规模间的较大差异，该指标采用 FDI 与 GDP 比值表示。

（4）产业结构（Str）。产业结构是通过经济的专业化和社会分工所形成，反映了经济中现有资源的分布情况，而不同产业的效率差异，也决定了经济增长的方式和质量。对于一个城市而言，产业结构可以反映其经济结构和发展模式。结构主义学者也认为，产业结构的演变实质是投入要素从低效率部门向高效率部门转移从而实现"结构红利"的过程，产业结构的变动是经济增长的核心推动力之一，保证了经济可持续增长。考虑到我国工业所占比重较高，且对环境污染更为严重，而第三产业比重的提高既代表了产业结构的轻型化，也有利于实现环境保护的目的。本书中，该指标以第二产业增加值占 GDP 比重表示。

（5）财政支出比重（Fis）。政府财政支出规模能够反映一个城市政府对经济的干预程度，也能反映一个城市政府对公共服务的供给能力。财政支出的规模能够显著影响一个城市或地区基础设施建设、教育发展等，从而进一步影响地区经济增长。此外，政府决策者为实现税收增长等经济利益和晋升、政治前途、民望等政治利益，往往采取"赶超型"发展战略，即制定有利于高等技术设备企业的税收优惠、开发补贴、贷款补贴等财政政策，从而实现技术的进步，而这类企业的技术进步又必然会对低等技术设备企业产生溢出效应，从而实现城市或地区的整体技术进步；但由于政府干预也可能会扭曲要素价格体系，造成资本效率的降低和社会福利的损失（朱鸿伟，杨旭琛，2013）。因此，政府干预究竟能否促进经济绩效，取决于两种力量的对比。从目前学者的研究来看，多数结论支持财政支出能够促进全要素生产率提高的观点。例如，姚仁伦（2009）采用1990—2007年的省际非平衡面板数据，对地方财政支出与TFP的关系进行了实证检验，认为地方财政支出对全要素生产率提高具有显著正向影响。曾淑婉（2013）对我国30个地区财政支持与全要素生产率关系的研究结果表明，财政支出对TFP增长、技术效率、技术进步均存在着显著的正相关性；财政支出对空间相近省份的TFP、技术效率、技术进步也均具有空间溢出效应；而从三大地区的比较看，这种溢出效应呈现为"东低西高"，即西部省份的财政支出对临近地区的TFP具有更高的正向溢出，而东部省份则表现为负外部性。参考前期学者的研究，该指标以政府财政支出占GDP的比重表示。

（6）技术投入（Tec）。根据内生增长理论，R&D活动不仅能够促进本部门的技术创新，而且能够产生技术外溢使公共知识存量增加，从而最终促进整个社会经济增长和全要素生产率提高。我国学者前期的研究中，主要有三种观点：一是R&D投入对TFP具有显著的正向影响。例如黄志基和贺灿飞（2013）等学者基于OP方法对我国制造业企业TFP进行估算，认为城市制造业研发总投入和研发投入强度显著正向影响城市TFP。二是R&D投入对全要素生产率的提升具有负向作用或无法证明两者之间的正向关系。杨剑波（2009）采用省级面板数据分析了研发投入创新对我国TFP的影响。结果表明，R&D创新对我国全要素生产率虽然有正面影响，但并不显著，从而无法判断创新对我国TFP有促进作用。三是研发投入对全要素生产率的影响因主体差异而不同。例如曹泽和段宗志（2011）等学者研究了R&D投入及其溢出对TFP增长的贡献，认为不同类型的R&D活动对TFP影响的程度和方向不同，企业R&D投入对TFP作用的效果最大，且对于东部地区TFP的作用大于中、西部。参考前期学者的研究，研究中以R&D经费占财政支出比重表示各城市技术投入水平。

（7）经济密度（Eco）。经济密度是指区域国内生产总值与国土面积之比，能够反映一个地区或者城市单位土地面积上的经济活动承载量和土地利用程度；也能够反映一个城市的经济活动规模。关于经济活动空间聚集对生产活动的影响一直是地理经济学中研究的热点之一。早在19世纪末期，国外学者Marshall的研究认为，外部性的存在是经济产生空间聚集的重要影响因素。之后，越来越多的学者从不同的角度对空间集聚的外部性展开实证研究。

Ciccone 等人（1996）利用美国各区县数据计算各州的经济密度，通过实证分析认为经济密度越高的地区，其生产率也会越高。我国学者以城市为研究对象，对经济集聚与全要素生产率关系进行研究的相对较少。章韬和王桂新（2012）等学者的研究认为制造业在城市的空间聚集越来越表现出负外部性，而人口的空间密度对产出存在倒"U"形影响，制造业和人口的共同集聚则能够对城市产出产生正向影响。理论分析认为，经济密度越高，越有利于技术的传播，从而越能够产生知识外溢效应，带来显著的外部性经济。考虑到对城市造成污染的主要是工业，因此，该指标以每平方千米的工业总产值表示，并预期该指标与全要素生产率呈现正相关关系。

（8）环境规制水平（Env）。环境规制属于政府社会性规制的重要范畴，是指由于经济增长过程中，大量污染的排放致使社会、经济活动受到严重干扰而不可持续，政府通过行政处罚、税收、排污许可等强制性措施对企业的生产活动进行调控，以实现环境与经济的友好协调发展。在改革开放后经济发展的初期，我国政府的环境规制措施相对有限，但长期粗放型增长模式所导致的环境污染问题越来越严重，因此，近年来，政府对环境的规制水平不断提高，对环境规制下的全要素生产率研究逐渐增多。殷宝庆（2012）的研究表明，适当水平的环境规制措施能够刺激企业进行技术创新、产品质量得到提高，长期来看，在获得市场竞争优势的同时，也能够提高绿色 TFP。冯榆霞（2013）的研究结论表明，当不考虑时间和区域差异性的条件下，环境规制对 TFP 具有一定正向影响；并且具有明显的区域差异。参考已有研究，本部分以 SO_2 去除率（去除量除以去除量与排放量之和）表示政府的环境规制水平，该指标能够反映政府对污染排放的重视程度和治理能力，预期与 TFP 呈现正向关系。

5.1.3 数据描述

表 5-1 显示了我国 285 个地级城市的人力资本、基础设施、外商直接投资、产业结构、财政支出比重、技术投入、经济密度、环境规制水平等解释变量在 2005—2012 年的平均值。从表中各年份数据绝对值及其变动情况来看，以每万人口学生数表示的人力资本水平不断提高，2005 年为 116.88 人，而到 2012 年则上升为 172.29 人，年均增长率整体呈现为下降趋势，2006 年增长速度为 7.78%，2007 年增长速度最高为 9.49%，之后不断下降，到 2012 年增长速度仅为 2.85%，说明了我国高等教育在快速扩张后，高等教育规模趋于稳定的事实。以人均城市道路面积表示的交通基础设施变量在这一期间处于持续上升趋势，2005 年为 7.79 平方米，2012 年为 12.29 平方米。从增长速度来看，

2008 年最低为 3.27%，之后不断上升，到 2012 年，增长速度达到 8.76%。同样，处于持续上升趋势的还有每万人互联网用户数，2005 年为 564 户，而到 2012 年变为 1 523 户，说明了这一时期我国互联网的快速发展与普及。外商直接投资占国内生产总值的比重总体趋于下降趋势，尤其是 2008 年金融危机之后，表现更为明显。2007 年外商直接投资占国内生产总值的比重为最高 2.26%，到 2011 年和 2012 年分别降了为 1.84% 和 1.86%，下降速度最快的两个年份是 2008 年和 2009 年，说明了随着我国经济的逐步发展，劳动力、土地、资源成本优势逐步弱化，促使低技术含量的劳动密集型外资逐渐流出，金融危机进一步加剧了这一趋势。第二产业占国内生产总值的比重总体也呈现出上升趋势，2005 年为 46%，到 2011 年达到最大比重为 52.02%。当然，这一数据是我国 285 个地级城市的平均值，而实际情况是，我国不同地区、不同城市差异较大，一些大城市尤其是东部地区的城市，第二产业比重可能存在降低的趋势。财政支出占 GDP 的比重总体也表现为上升趋势，2005 年为 10.96%，到 2012 年上升为 18.24%。以二氧化硫去除率表示的政府环境规制水平也不断提高，由 2005 年的 22.93% 上升为 2012 年的 49.68%，说明了随着我国经济的发展和环境的日益恶化，人们的环保意识不断增强，政府部门也逐渐采取措施，加强污染控制。2005—2012 年，我国 285 个地级市研发经费总额不断上升，R&D 经费占财政支出的比重也不断上升，自 2005 年的 1.28% 逐步上升为 2012 年的 1.49%，说明了随着市场竞争越来越激烈，地方政府及企业对科技创新的重视程度提高，加大力度增加研发投入。以每平方千米工业总产值表示的经济密度总体趋势也是不断提高，2005 年为 1 300.27 万元，而到 2012 年这一数值变为 4 302.45 万元。

表 5-1　　　　　　　　主要解释变量 2005—2012 年平均值

解释变量	2005 年	2006 年	2007 年	2008 年	2009 年	2010 年	2011 年	2012 年
每万人口学生数（人）	116.88	125.97	137.93	146.07	157.72	163.46	167.51	172.29
人均城市道路面积（平方米）	7.79	8.59	9.18	9.48	9.80	10.63	11.30	12.29
每万人互联网数量（%）	564.63	594.40	672.02	779.82	973.49	1 156.83	1 351.80	1 523.20
FDI 占 GDP 比重（%）	2.22	2.23	2.26	2.12	1.99	1.93	1.84	1.86
第二产业比重（%）	46.00	47.80	49.00	50.07	49.30	50.88	52.02	51.45
财政支出占 GDP 比重（%）	10.96	11.91	12.97	14.33	16.44	17.33	16.02	18.24

表5-1(续)

解释变量	2005 年	2006 年	2007 年	2008 年	2009 年	2010 年	2011 年	2012 年
二氧化硫去除率（%）	22.93	26.79	32.21	37.21	43.81	44.52	48.01	49.68
R&D 占财政比重（%）	1.28	1.27	1.27	1.31	1.32	1.33	1.48	1.49
每平方千米工业总产值（万元）	1 300.27	1 629.81	2 039.84	2 479.84	2 649.44	3 365.37	3 949.62	4 302.45

注：根据《中国城市统计年鉴》相关数据整理所得。

5.2 实证分析

5.2.1 主要城市环境 TFP 影响因素

由于不同解释变量对全要素生产率的影响可能存在不同的时滞，同时考虑到全要素生产率是基于上一年年份的增长值，因此，本部分采用累积的 TFP 作为被解释变量，样本期间为 2005—2012 年[①]，对于解释变量中缺失的极少数数据采用插值法或者平均值法进行补充。

根据对以上解释变量的分析，建立环境约束下的城市全要素生产率决定模型（为尽量消除每个变量的异方差，对所有变量都采取对数形式）：

$$\ln Ml_{it} = \alpha + \beta_1 \ln hum_{it} + \beta_2 \ln road_{it} + \beta_3 \ln int_{it} + \beta_4 \ln fdi_{it} + \beta_5 \ln str_{it}$$

$$+ \beta_6 \ln fis_{it} + \beta_7 \ln env_{it} + \beta_8 \ln tec_{it} + \beta_9 \ln eco_{it} + \varepsilon_{it} \tag{5-1}$$

其中，i 和 t 表示样本城市和年份，$i = 1, 2, \cdots, 285$；$t = 2006, 2007, \cdots, 2012$；$\alpha$ 为截距项，β_i 为各解释变量的回归系数，ε_{it} 为随机误差项。

由于研究中，样本城市较多而时期较短的数据特点，选择固定效应模型检验较合适；同时，Hausman 检验也表明，选择固定效应模型较优。回归结果如表5-2 所示：

表 5-2　　　　　　　　ML 与其相关影响因素之间的回归结果

变量	回归系数	T 检验值	概率值
C	-17.035 0***	-25.504	0.000 0
Ln（hum）	0.272 4***	3.989	0.000 1

① 由于 2013 年部分解释指标数据缺失严重，所以样本期间为 2005—2012 年。

表5-2(续)

变量	回归系数	T检验值	概率值
Ln（road）	0.275 1***	4.200	0.000 0
Ln（int）	0.486 3***	10.492	0.000 0
Ln（fdi）	−0.082 4***	−2.785	0.005 4
Ln（str）	−2.349 3***	−13.339	0.000 0
Ln（fis）	0.848 5***	9.751	0.000 0
Ln（env）	0.042 6*	1.714	0.086 7
Ln（tec）	0.194 1***	6.610	0.000 0
Ln（eco）	3.423 6***	53.162	0.000 0
adR^2=0.896 5		F=59.582 8	

注：***、**、*分别表示在1%、5%、10%显著水平上通过检验。

表5-2显示了285个城市各解释变量对环境全要素生产率的回归结果。可以看出，adR^2=0.896 5，方程拟合效果较好。而从各变量的回归系数看，除环境规制水平在10%显著水平上通过检验外，其他所有变量均在1%显著水平上通过检验。其中，人力资本、城市人均道路面积、互联网用户数、财政支出比重、环境规制水平、技术投入、经济密度7个变量均对环境全要素生产率的变动产生了显著的正向影响，与我们的预期是一致的。而产业结构和外商直接投资两个变量则对环境全要素生产率的变动产生了显著的负向影响。分析认为，长期以来，我国各地区经济高速发展，第二产业比重明显上升，而快速推进的工业化进程则由于更多采用高投入、高产出、高污染模式，从而加重了环境保护压力，不利于环境约束下的全要素生产率的增长。所以第二产业比重对环境全要素生产率产生了显著的负向影响，这与李小胜、余芝雅和安庆贤等学者（2014）的研究结论是一致的。同时，外商直接投资变量也对环境全要素生产率产生了显著的负向影响。前期学者的研究中，对于外商直接投资"污染天堂"假说的实证研究结论存在不同的观点，本部分研究结论一定程度上支持了"污染天堂"假说，与肖攀、李连友、唐李伟和苏静等学者（2013）的研究结论基本一致。这说明在我国环境规制水平较低的情况下，大量外商直接投资流入我国的工业部门，尤其是高污染部门，从而对环境TFP增长产生了明显的阻碍作用，这也意味着随着我国经济的转型发展，对外资的利用不能再采取"来者不拒"的政策，而应当进一步加强对外商直接投资的环境规制，对

于外资实行分类管理，积极引进技术含量高、污染程度低的外资，限制高污染、高耗能外资流入，以提高外商直接投资的整体质量。

5.2.2 不同区域环境 TFP 影响因素

由于我国不同地区、不同城市经济发展水平、对外开放程度、产业结构、环境污染程度等均存在较大差异。因此，对全国全部城市环境全要素生产率影响因素的分析结果，可能与不同区域环境全要素生产率影响因素的分析结果并不一致。因此，本部分拟从东部、中部、西部三大区域对环境全要素生产率的影响因素进行探讨。被解释变量和解释变量同全国 285 个城市的分析保持一致，同时，模型经 Hausman 检验也表明，三个地区均应选择固定效应模型。

（1）东部地区城市环境 TFP 影响因素。

东部地区包括河北、山东、辽宁、江苏、浙江、福建、广东、海南，以及北京、天津、上海共计 8 省 3 市的 101 个城市。面板数据回归结果如表 5-3 所示：

表 5-3 东部地区城市环境 TFP 影响因素

变量	回归系数	T 检验值	概率值
C	-3.650^{***}	-6.508	0.000 0
Ln（hum）	$0.075 8^{*}$	1.662 8	0.096 9
Ln（$road$）	$0.253 4^{***}$	5.273 3	0.000 0
Ln（int）	$0.043 4^{**}$	2.428 5	0.015 5
Ln（fdi）	$-0.080 2^{***}$	$-4.486 9$	0.005 4
Ln（str）	$-1.218 3^{***}$	$-8.882 9$	0.000 0
Ln（fis）	$0.329 6^{***}$	8.117 8	0.000 0
Ln（env）	$0.039 3^{*}$	2.915 8	0.003 7
Ln（tec）	$0.272 6^{***}$	19.825 5	0.000 0
Ln（eco）	$0.952 1^{***}$	29.686 5	0.000 0
$adR^2 = 0.917 0$		$F = 72.281 1$	

注：＊＊＊、＊＊、＊分别表示在 1%、5%、10%显著水平上通过检验。

从表 5-3 来看，同全国 285 个城市的整体分析基本一致。即所有变量均通过 10%显著水平的检验，同时，外商直接投资和产业结构两个变量对环境全要素生产率产生了显著的负向影响。从不同变量对环境全要素生产率的影响来看，经济密度对东部地区城市环境全要素生产率影响较大，经济密度每提高1%，城市累积环境全要素生产率增长 0.95%；其次为财政支出比重，该变量每提高 1%，城市累积环境全要素生产率增长 0.33%。

（2）中部地区城市环境 TFP 影响因素。

中部地区包括吉林、黑龙江、安徽、江西、河南、湖北、湖南 7 个省份的 89 个城市。回归结果如表 5-4 所示：

表 5-4   中部地区城市环境 TFP 影响因素

变量	回归系数	T 检验值	概率值
C	−5.007 5***	−20.499 7	0.000 0
Ln（hum）	0.028 7	0.762 6	0.446 0
Ln（road）	−0.039 4	−1.060 7	0.289 3
Ln（int）	0.071 1**	2.326 2	0.020 4
Ln（fdi）	0.067 0***	3.387 8	0.000 8
Ln（str）	−0.078 8	−1.419 7	0.156 3
Ln（fis）	0.158 1***	4.449 7	0.000 0
Ln（env）	0.027 7***	2.640 4	0.008 5
Ln（tec）	0.231 5***	17.106 2	0.000 0
Ln（eco）	0.859 4***	26.786 3	0.000 0
adR^2=0.923 6		F=78.059 0	

注：***、**、*分别表示在 1%、5%、10%显著水平上通过检验。

从表 5-4 可以看出，与全国和东部地区略有不同，中部地区人力资本、道路基础设施建设水平和产业结构三个变量均未通过显著检验。通信基础设施建设在 5%显著水平上通过检验。除产业结构对环境全要素生产率产生负向影响外，以人均城市道路面积表示的基础设施建设也对环境全要素生产率产生了负向影响，一定程度上反映了这些城市存在城市化病，相较于快速的城市化进程，城市基础设施建设改善速度较慢，从而对经济绩效不利。此外，与全国和东部地区城市截然不同的是，外商直接投资变量对环境全要素生产率产生了正向影响，并且通过 1%显著水平的检验。分析认为，这可能是由于中部地区经济水平、技术水平、技术效率相对东部地区而言明显落后，外商直接投资对中部地区城市所产生的技术溢出效应高于了由于污染所导致的对全要素生产率的影响。另外，经济密度、技术投入、财政支出比重对中部城市环境全要素生产率都产生重要影响，其中经济密度影响最大，该变量每提高1%，环境全要素生产率增长0.86%。

（3）西部地区城市环境TFP影响因素。

西部地区包括山西、陕西、四川、贵州、云南、甘肃、青海，以及内蒙古、广西、宁夏、新疆、重庆共计7省4自治区1市的95个城市。面板数据回归结果如表5-5所示：

表5-5　　　　　　　　西部地区城市环境TFP影响因素

变量	回归系数	T检验值	概率值
C	−3.242 7***	−6.831 5	0.000 0
Ln（hum）	0.115 7***	4.667 5	0.000 0
Ln（road）	0.020 7	0.908 3	0.364 1
Ln（int）	0.117 4***	5.065 8	0.000 0
Ln（fdi）	0.001 6	0.150 7	0.880 3
Ln（str）	−0.833 3***	−5.914 7	0.000 0
Ln（fis）	0.688 6***	13.217 2	0.000 0
Ln（env）	0.045 1***	3.791 6	0.000 2
Ln（tec）	0.273 6***	17.724 7	0.000 0
Ln（eco）	0.788 0***	21.023 0	0.000 0
adR^2=0.896 5		F=59.582 8	

注：＊＊＊、＊＊、＊分别表示在1%、5%、10%显著水平上通过检验。

表5-5显示了西部地区95个城市累积环境全要素生产率及其影响因素的回归结果。实证结果表明，同东部城市、中部城市不同，从人均城市道路面积表示的基础设施变量和外商直接投资变量均对环境全要素生产率产生正向影响，但两个变量都未通过显著性检验。分析认为，这可能是由于近些年西部地区经济高速发展，城市道路等基础设施建设则相对滞后，虽对环境全要素生产率产生正向影响，但这种影响相对较小。而同中部地区一样，外商直接投资变量同样对西部地区城市产生了正向影响。分析认为，这可能是由于西部地区技术水平、技术效率相对较低，外商直接投资通过技术溢出能够促进中西部地区城市环境全要素生产率的增长，但由于西部地区城市外商直接投资规模相对较小，同时，由于西部地区矿产资源丰富且对环境规制程度相对较低，更容易吸

引高污染和高消耗的外资，从而当考虑环境因素时，使得外商直接投资的技术溢出效应和环境污染效应相抵消，从而对环境全要素生产率虽产生正向影响但并不显著。从其他变量的影响来看，均在1%显著水平上通过检验，除产业结构仍然是负向影响外，其他变量均为正向影响。经济密度、财政支出比重、技术投入等变量对西部城市环境TFP影响较大，这三个变量每提高1%，累积环境全要素生产率分别提高0.79%、0.69%和0.27%。

（4）三大地区城市环境全要素生产率影响因素的对比分析。

通过对全国285个城市的整体回归结果以及东部、中部、西部分区域回归结果的对比分析表明，以第二产业增加值占GDP比重表示的产业结构变量始终对城市环境全要素生产率产生负向影响。这一方面说明了长期以来我国工业化进程具有高投入、高产出的粗放型发展特征，另一方面也意味着要在快速的城市化进程中实现经济与环境的协调发展，除了加快传统工业的调整转型外，还必须进一步加快第三产业的发展，实现产业结构的升级换代。通信基础设施建设、财政支出、环境规制水平、研发投入、经济密度五个变量对城市环境全要素生产率均产生显著的正向影响。人力资本虽对各区域均产生正向影响，但对中部地区的影响未通过显著检验。此外，城市道路基础设施建设和外商直接投资两个变量对不同区域影响差异较大，其中，城市道路基础设施对全国整体和东部地区城市均通过正向显著检验，但对中部产生负向影响、对西部产生正向影响，且均未通过显著检验；外商直接投资变量对全国整体和东部地区城市环境全要素生产率均产生显著的负向影响，但对中部城市和西部城市环境TFP产生正向影响，其中对中部城市的影响具有统计意义上的显著性，而对西部城市则不具有显著性。外商直接投资对城市环境TFP影响的差异性，反映了各地技术水平和技术效率的差异性，也反映了各城市环境规制水平的差异性。

由于面板数据回归分析中，采用的是各变量的对数形式，实质是反映了累积环境全要素生产率对各解释变量的弹性，因此，可对各变量影响环境全要素生产率的大小进行比较（见图5-1）。人力资本变量、研发投入、环境规制水平、财政支出四个变量对东部、中部、西部城市累积环境TFP的影响是一致的，对西部城市影响最大、其次为东部地区，影响最小的是中部城市。其中，人力资本每提高1%，西部、东部和中部城市累积环境TFP分别提高0.12%、0.08%和0.03%；研发投入每提高1%，西部、东部和中部城市累积环境TFP分别提高0.27%、0.27%和0.23%；环境规制水平每提高1%，西部、东部和中部城市累积环境TFP分别提高0.05%、0.04%和0.03%；财政支出比重每提高1%，西部、东部和中部城市累积环境TFP分别提高0.69%、0.33%和

0.16%；通信基础设施建设每提高 1%，受益最大的是西部，环境 TFP 提高 0.12%，其次为中部城市的 0.07%，影响最小的是东部城市，仅为 0.04%。而第二产业产值占 GDP 比重每提高 1%，东部、中部和西部城市累积环境 TFP 分别降低 1.22%、0.08% 和 0.83%，说明现有产业结构对东部地区城市环境 TFP 阻碍最大，其次为西部地区，而对中部地区城市影响非常小。

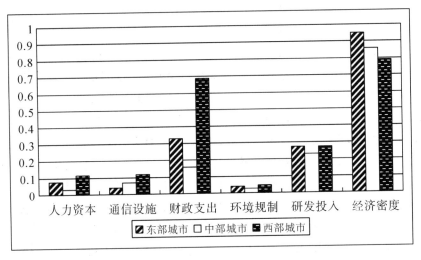

图 5-1　不同变量对环境 TFP 影响大小的比较

5.3　结论

现有文献对全要素生产率影响因素的研究，主要从区域层面和产业层面展开，在影响因素的选择上，主要从科技进步、交通基础设施水平、经济发展水平、产业结构、地理位置等角度进行分析，并且多数是对不考虑环境因素的省级区域全要素生产率增长原因进行研究。从研究结论来看，基于不同地区、不同行业的实证研究结果并不统一。本章在总结已有研究的基础上，从人力资本、基础设施、外商直接投资、产业结构、财政支出比重、技术投入、经济密度、环境规制水平等方面采用面板数据进行回归分析，并对不同地区全要素生产率的影响因素进行了对比分析。研究结论表明：

（1）从各变量的回归系数看，除环境规制水平在 10% 显著水平上通过检验外，其他所有变量均在 1% 显著水平上通过检验。其中，人力资本、城市人均道路面积、互联网用户数、财政支出比重、环境规制水平、技术投入、经济密度 7 个变量均对环境全要素生产率的变动产生了显著的正向影响，与我们的预期是一致的。而产业结构和外商直接投资两个变量则对环境全要素生产率的变动产生了显著的负向影响。

（2）从东部、中部、西部三大区域对环境全要素生产率影响因素的对比分析来看，东部地区城市所有变量均通过 10%显著水平的检验，同时，外商直接投资和产业结构两个变量对环境全要素生产率产生了显著的负向影响；中部地区人力资本、道路基础设施建设水平和产业结构 3 个变量均未通过显著检验；同东部城市、中部城市不同，西部地区城市以人均道路面积表示的基础设施变量和外商直接投资变量均对环境全要素生产率产生正向影响，但两个变量都未通过显著性检验。

第6章　不同类型城市环境全要素生产率的影响因素与发展模式

从上一章的分析结果可以看出，由于不同地区城市间差异较大，相同的影响因素对不同地区城市环境全要素生产率的影响结果并不相同甚至出现截然相反的结果，因此，对于城市环境全要素生产率影响因素的分析必须基于不同地区、不同类型城市进行分类研究。在上一章对城市环境全要素生产率影响因素进行分区域研究的基础上，本章将试图对我国主要城市进行分类，分析不同类型城市环境全要素生产率影响因素的差异性，并据此分析基于环境全要素生产率的城市发展战略模式。

6.1　城市的分类研究

对城市进行分类研究，既是对城市间所存在的现实差异性的尊重，也是正确分析不同城市全要素生产率及其影响因素的前提和基础。对于城市的分类，前期国内外研究成果往往构建城市综合评价指标体系，比如城市资源环境要素承载力指标、城市社会发展水平指标、城市经济发展水平指标、城市基础设施指标、城市人流物流指标等，在构建综合评价指标体系的基础上，进一步可通过主成分分析等方法实现数据的降维，从而对城市某一个方面的能力进行分类和比较。但这种分类的结果并不适合进行全要素生产率测算及其影响因素分析。因为全要素生产率测算的是一个城市的技术进步、技术效率对经济增长的贡献，与城市单一方面的能力并无太大关联。除通过构建评价指标体系的方式对城市进行分类外，还包括城市规模、经济发展水平等对城市进行分类。根据本书研究的目的，本部分将从城市规模、经济水平、产业结构、环境规制水平、经济密度五个方面通过聚类分析对城市进行分类研究。

6.1.1 研究方法

聚类分析是将对象集合分成相似的对象类的过程。其基本原理是，依据对象的自身特性，例如某种相似性或差异性指标，定量地确定样本之间的相似关系，并按照这种相关度对样本进行归类。如果分类指标具有单一性，或者指标值能够在同一个维度进行度量，那么对样本进行归类相对较为简单。但如果被评价对象是通过多个不同量纲的指标进行归类，就需要将不同量纲的指标值首先做标准化处理，然后再根据数学上定义含有多个维度指标的不同样本间的距离划分为多个小类后再进行整体分类。聚类分析作为一种探索性分析，研究者事先无须确定分类的标准，该方法可根据样本数据，自动进行归类。因此，当研究者选择同一组数据时，不同的方法得到的聚类结果可能并不相同，最终对结果的使用，需要研究者根据客观实际进行判断。在现实应用过程中，聚类分析是数据挖掘中的一个重要任务，其结果能够较好地显示样本的分布情况，从而进一步探索不同类别样本的特点。其主要步骤如下：首先是对数据进行预处理，选择指标；其次是定义一个距离函数用来衡量数据点之间的相似程度；再次是归类，即将样本根据所定义的距离函数划归到不同的类别中；最后是根据客观实际对分类结果进行评价。

常见的聚类分析方法有系统聚类法、动态聚类法和模糊聚类法等。K均值、K中心点等聚类分析方法是动态聚类法中的常用方法。目前，这些方法均已被程序化到应用较广泛的软件包中，如SPSS、SAS等。K均值聚类法是基于原型的目标函数的代表性聚类方法，是以数据点到原型的某种函数作为优化的目标的函数，利用函数求极值的方法得到迭代计算的一个调整规则。K均值聚类法是以欧式距离作为相似度来对不同数据点进行测度，是典型的基于距离的聚类算法，即不同样本间的距离越近，其相似的程度就越大。该算法认为距离较近的样本组成簇，因此把获得距离相近且独立的簇作为主要目标。在运算过程中，K均值聚类法随机地选择K个对象作为初始聚类中心，在之后的迭代中，对数据集中剩余的每个对象，根据其与各个簇中心的距离将每个对象再重新分给距离最近的簇。当所有对象被划分完之后，一次迭代运算即完成，意味着新的聚类中心被计算出来。如果在一次迭代运算前后，评价指标的值没有发生变化，说明算法已经收敛。

基本步骤是：

（1）首先选择K个样本作为初始聚类点，然后将这K类的重心作为初始凝聚点。

（2）对凝聚点之外的所有样本逐个根据距离远近进行归类，即每个样本划入采用欧式距离计算的距离最近的凝聚点，从而重新计算该类的重心。重复计算，直至所有样本全部归类为止。

K 均值聚类法的优点是算法简单明了，确定的 K 个重心平方误差最小，尤其是当聚类较为密集且区别较为明显时，效果较好；对于大数据集具有相当高的效率。其缺点是聚类过程中的 K 值是事先确定，而事实是由于对原始数据集尤其是大数据集无法主观划分时，K 值便难以确定。其次是该方法需要首先确定一个初始聚类中心，且该初始聚类中心对最后的结果影响较大，初始聚类中心选择的好坏，对聚类结果又有较大影响。因此，聚类过程中，就需要不断调整样本分类，再不断计算新的聚类中心。

6.1.2 城市分类

1. 聚类变量的选择

对于聚类变量，可以供选择的较多，分类的结果必然也存在较大差异。由于本书的研究目的是探讨不同类型城市的环境全要素生产率，故首先将第二产业增加值比重、政府环境规制水平与环境相关的两个指标纳入分类变量；同时，考虑到不同城市间的规模、发展水平，进一步将各城市总人口量、人均地区生产总值和经济密度三个指标也纳入分类变量中。根据研究目的，研究中最终选择了各城市总人口量、人均地区生产总值、第二产业增加值比重（以下简称"二产比重"）、政府环境规制水平（二氧化硫去除率）和经济密度五个变量进行聚类分析①。通过对这五个变量的相关性比较看，人均地区生产总值和经济密度两个变量间的相关系数最大，Pearson 相关系数为 0.511，其他相关系数则较低，各变量间并不存在严重的线性相关性。

2. 城市的分类

聚类分析中方法较多，不同方法各有优缺点，通过比较，最终采用 K 均值聚类分析法。采用 SPSS 17.0 软件进行分类，在 K 均值聚类中选择迭代与分类法，其中最大迭代次数设置为 10，收敛性标准为 0。对于聚类数，选择 3~10 进行试验，从分类结果来看，8 个分类变量效果较好。相关分类结果见表 6-1、表 6-2、表 6-3：

---

① 对于城市分类，研究中也试探性地选择了其他指标变量，但通过分析发现分类结果并不理想，考虑到研究目的和变量间的代表性，本书最终选择了这五个变量。

每个聚类中的案例数

聚类	1	2	3	4	5	6	7	8
数量	26	1	76	45	5	1	126	5

表 6-2　　　　　　　　　　　初始聚类中心

	1	2	3	4	5	6	7	8
总人口 （万人）	54.8	296.3	98.8	152.0	647.8	281.6	287.6	152.1
人均地区 生产总值 （元）	103 242	8 157	52 116	77 527	114 029	142 067	123 247	182 680
二产比重 （%）	73.5	27.0	53.5	55.5	54.1	80.9	44.3	60.5
环境规制 （%）	11.55	6.27	21.62	2.89	26.55	19.73	54.15	61.25
经济密度 （元）	3 754.32	49.93	35.92	31 678.67	33 866.09	2 017.22	107 244.24	457.46

表 6-3　　　　　　　　　　　最终聚类中心

	1	2	3	4	5	6	7	8
总人口 （万人）	474.2	456.9	451.2	373.3	749.0	149.6	287.6	152.1
人均地区 生产总值 （元）	85 824	23 192	40 462	57 242	102 785	132 662	123 247	182 680
二产比重 （%）	53.3	48.3	52.8	56.0	48.6	75.4	44.3	60.5
环境规制 （%）	57.76	44.49	55.42	49.29	56.70	44.55	54.15	61.25
经济密度 （元）	12 231.35	1 183.03	2 803.47	5 421.12	34 808.76	4 072.05	107 244.24	457.46

通过对表 6-1、表 6-2 和表 6-3 的对比分析，可以看出：

（1）第 7 类和第 8 类分别仅有 1 个城市，其中，第 7 类城市具有总人口量较少、二产比重相对较低、经济密度高、环境规制水平高的特征，根据原始数据，该城市为深圳市。第 8 类城市具有人口规模小、经济密度小、二产比重高、环境规制水平高及人均地区生产总值高的特征，同样根据原始数据可发现，该城市为内蒙古的鄂尔多斯市。

（2）第 1 类城市包含 26 个城市。根据最终聚类中心结果，该类城市总人口为 474.2 万人，人口规模相对较大，在 8 类城市中排名第 2 位；经济发展水平相对较好，为 85 824 万元，虽然在 8 类城市中排名第 5 位，但由于排名前 4 位的城市类型仅包含 12 个城市，故认为该类城市经济发展水平相对较好；二产比重居于第 4 位，为 53.3%；环境规制水平相对较高，为 57.76%，在 8 类城市中排名第 2 位，仅次于鄂尔多斯市；经济密度为 12 231.35，在 8 类城市中排名第 3 位。该类城市具有人口规模大、经济发展水平高、经济密度高、二产比重高和环境规制水平高的特点。该类城市包含的 26 个城市分别为：北京市、天津市、唐山市、呼和浩特市、乌海市、沈阳市、大连市、盘锦市、南京市、常州市、镇江市、杭州市、宁波市、绍兴市、舟山市、铜陵市、厦门市、青岛市、淄博市、烟台市、威海市、武汉市、长沙市、中山市、珠海市、榆林市。可以看出，这些城市多数是一线城市，且多数为省会城市、直辖市和省直管市。

（3）第 2 类城市包含 126 个城市，该类型城市包含数量最多。根据最终聚类中心结果，该类型城市平均人口约为 456.9 万人，规模较大；人均地区生产总值为 23 129 万元，在全国 8 类城市中排名倒数第 1 位，且与其他类型城市差距较大；第二产业增加值占 GDP 的比重约为 48.3%，仅高于第 7 类的深圳市，在 8 类城市中排名倒数第 2 位；环境规制水平相对较低，二氧化硫去除率同样仅为 44.49%，在 8 类城市中排名倒数第 1 位，说明该类型城市工业落后、环境保护水平低；经济密度相对较低，平均仅为 1 183.03，仅高于第 8 类的鄂尔多斯市。整体而言，该类型城市具有人口规模大、经济发展水平落后、工业发展水平低、政府环境规制水平低、经济密度低的特征。该类型城市包含的 126 个具体城市见表 6-4。

（4）第 3 类城市包含 76 个城市。根据最终聚类中心结果来看，该类型城市总人口约为 451.2 万人，规模相对较小，在 8 类城市中排名第 4 位；人均地区生产总值仅为 40 462 万元，在 8 类城市中排名倒数第 2 位，表明经济发展水平相对较低；第二产业增加值占 GDP 比重在 8 类城市中居于第 5 位，平均约为 52.8%；环境规制水平相对较高，二氧化硫去除率达到 55.42%，在 8 类城市中排名第 4 位；经济密度相对较低，仅为 2 803.47，在 8 类城市中排名倒数第 3 位。整体而言，该类城市具有人口规模小、经济发展水平落后、二产比重和环境规制居于全国平均水平、经济密度低的特点。该类型城市包含的 76 个具体城市见表 6-4。

（5）第 4 类城市包含 45 个城市。根据最终聚类中心结果，该类型城市总人口平均约为 373.3 万人，规模较小，仅高于第 7 类（深圳市）、第 8 类（鄂尔多斯市）和第 6 类城市（包头市、大庆市、东营市、嘉峪关市和克拉玛依市）；人均地区生产总值为 57 242 万元，虽然在 8 类城市中排名第 6 位，但由于高于第 3 类的 76 个城市和高于第 2 类的 126 个城市，故认为该类型城市经济发展水平相对较高。第二产业增加值占 GDP 比重在 8 类城市中居于第 3 位，平均约为 56%，仅低于第 8 类的鄂尔多斯市和第 6 类的 5 个城市，说明该类型城市二产比重高，是属于典型的工业型城市；而从环境规制水平来看，二氧化硫去除率仅为 49.29%，在 8 类城市中排名倒数第 3 位，说明在全国各城市中居于平均水平以下；经济密度平均值为 5 421.12，高于第 3 类、第 6 类、第 2 类和第 8 类的 208 个城市，故认为该城市类型经济密度相对较高。整体而言，该类型城市具有人口规模小、经济发展水平较高、二产比重高、环境规制水平低、经济密度高的特征。该类型城市包含的 45 个具体城市见表 6-4。

（6）第 5 类城市和第 6 类城市分别仅有 5 个城市，从最终聚类中心来看，第 5 类城市人口规模为 749 万人，在 8 类城市中人口规模最大；人均地区生产总值为 102 785 万元，在 8 类城市中排名第 4 位；二产比重相对较低，为 48.6%，在 8 类城市中排名第 6 位；环境规制水平相对较高，为 56.70%，排名第 3 位；经济密度较高，为 34 808.76，仅次于深圳市，在 8 类城市中排名第 2 位，所以第 5 类城市具有人口规模大、经济发展水平较高、二产比重低、环境规制水平高和经济密度高的特征，这 5 个城市依次是：上海市、无锡市、苏州市、广州市和佛山市。

（7）第 6 类城市人口规模较小，为 149.6 万人，但经济发展水平很高，人均地区生产总值为 132 622 万元，在 8 类城市中排名第 2 位，仅次于鄂尔多斯市；二产比重非常高，为 75.4%，排名第 1 位；同时，环境规制水平特别低，为 44.55%，在全国 8 类城市中排名第 7 位，经济密度相对较低，为 4 072.05，在 8 类城市中排名第 5 位。该类城市具有人口少、经济发达、经济密度低、但二产比重高和环境规制水平低的特征。该类型所包含的 5 个城市分别为：包头市、大庆市、东营市、嘉峪关市和克拉玛依市，可以看出，这些城市基本都是典型的资源依赖型城市。

表 6-4 八类城市所包含的具体城市

类别	所含城市	特征
第一类	北京市、天津市、唐山市、呼和浩特市、乌海市、沈阳市、大连市、盘锦市、南京市、常州市、镇江市、杭州市、宁波市、绍兴市、舟山市、铜陵市、厦门市、青岛市、淄博市、烟台市、威海市、武汉市、长沙市、中山市、珠海市、榆林市	人口规模大、经济发展水平高、二产比重高、环境规制水平高、经济密度高

表6-4(续)

类别	所含城市	特征
第二类	邢台市、保定市、张家口市、衡水市、大同市、晋中市、运城市、忻州市、临汾市、吕梁市、阜新市、铁岭市、朝阳市、葫芦岛市、白城市、齐齐哈尔市、鸡西市、伊春市、佳木斯市、七台河市、黑河市、绥化市、宿迁市、蚌埠市、淮北市、安庆市、黄山市、滁州市、阜阳市、宿州市、六安市、亳州市、池州市、宣城市、九江市、赣州市、吉安市、宜春市、抚州市、上饶市、临沂市、菏泽市、开封市、平顶山市、安阳市、新乡市、濮阳市、漯河市、南阳市、商丘市、信阳市、周口市、驻马店市、十堰市、孝感市、荆州市、黄冈市、咸宁市、随州市、衡阳市、邵阳市、张家界市、益阳市、永州市、怀化市、娄底市、韶关市、汕头市、湛江市、梅州市、汕尾市、河源市、清远市、潮州市、揭阳市、云浮市、桂林市、梧州市、钦州市、贵港市、玉林市、百色市、贺州市、河池市、来宾市、崇左市、泸州市、绵阳市、广元市、遂宁市、内江市、乐山市、南充市、眉山市、宜宾市、广安市、达州市、雅安市、巴中市、资阳市、六盘水市、遵义市、安顺市、曲靖市、保山市、昭通市、丽江市、思茅市、临沧市、铜川市、咸阳市、渭南市、汉中市、安康市、商洛市、白银市、天水市、武威市、张掖市、平凉市、庆阳市、定西市、陇南市、吴忠市、固原市、中卫市	人口规模大、经济发展水平落后、工业发展水平低、环境规制水平低、经济密度低
第三类	石家庄市、秦皇岛市、邯郸市、承德市、沧州市、廊坊市、阳泉市、长治市、晋城市、赤峰市、巴彦淖尔市、乌兰察布市、丹东市、锦州市、四平市、辽源市、通化市、白山市、哈尔滨市、鹤岗市、双鸭山市、牡丹江市、徐州市、连云港市、淮安市、盐城市、温州市、衢州市、台州市、丽水市、淮南市、莆田市、漳州市、南平市、宁德市、景德镇市、萍乡市、鹰潭市、枣庄市、潍坊市、济宁市、泰安市、日照市、莱芜市、德州市、聊城市、洛阳市、鹤壁市、焦作市、许昌市、黄石市、襄阳市、荆门市、株洲市、湘潭市、岳阳市、常德市、郴州市、江门市、茂名市、肇庆市、阳江市、南宁市、柳州市、北海市、海口市、三亚市、重庆市、自贡市、德阳市、贵阳市、昆明市、玉溪市、宝鸡市、兰州市、西宁市	人口规模小、经济发展水平落后、二产比重较高、环境规制水平相对较高、经济密度低

表6-4(续)

类别	所含城市	特征
第四类	太原市、朔州市、通辽市、呼伦贝尔市、鞍山市、抚顺市、本溪市、营口市、辽阳市、长春市、吉林市、松原市、南通市、扬州市、泰州市、嘉兴市、湖州市、金华市、合肥市、芜湖市、马鞍山市、福州市、三明市、泉州市、龙岩市、南昌市、新余市、济南市、滨州市、郑州市、三门峡市、宜昌市、鄂州市、惠州市、东莞市、防城港市、成都市、攀枝花市、西安市、延安市、金昌市、酒泉市、银川市、石嘴山市、乌鲁木齐市	人口规模小、经济发展水平较高、二产比重高、环境规制水平低、经济密度高
第五类	上海市、无锡市、苏州市、广州市和佛山市	人口规模大、经济发展水平高、二产比重低、环境规制水平高、经济密度高
第六类	包头市、大庆市、东营市、嘉峪关市和克拉玛依市	人口规模小、经济发达、二产比重高、环境规制水平低、经济密度低
第七类	深圳市	人口规模小、经济发达、工业比重低、环境规制水平高、经济密度高
第八类	鄂尔多斯市	人口规模小、经济发达、二产比重高、环境规制水平高、经济密度小

6.2 不同类型城市环境全要素生产率的影响因素

由于第7类和第8类城市分别仅有1个城市，无法进行回归分析。故本部分采用其余6类进行面板数据回归分析。回归分析中，因变量同样采用累积的环境全要素生产率，自变量则仍然为人力资本（Hum）、基础设施（Ins）、外商直接投资（FDI）、产业结构（Str）、财政支出比重（Fis）、技术投入

（Tec）、经济密度（Eco）、环境规制水平（Env）等8个变量。

为尽量消除每个变量的异方差，对所有变量都采取对数形式。各类型城市全要素生产率影响因素模型设定如下：

$$\ln Ml_{it} = \alpha + \beta_1 \ln hum_{it} + \beta_2 \ln road_{it} + \beta_3 \ln int_{it} + \beta_4 \ln fdi_{it} + \beta_5 \ln str_{it}$$
$$+ \beta_6 \ln fis_{it} + \beta_7 \ln env_{it} + \beta_8 \ln tec_{it} + \beta_9 \ln eco_{it} + \varepsilon_{it} \tag{6-1}$$

其中，i 和 t 表示样本城市和年份；t = 2006，2007，…，2012；α 为截距项，β_i 为各解释变量的回归系数，ε_{it} 为随机误差项。

根据样本数据截面数据多、时序数据少的特点，选择固定效应模型检验较合适，且进一步的 Hausman 检验结果也支持选择固定效应模型。估计方法采用PCSE（Panel Corrected Standard Errors，面板校正标准误）方法，以便有效处理复杂的面板误差结构，如同步相关、异方差、序列相关等。具体检验结果见表6-5：

表6-5　　　　　　不同类型城市环境全要素生产率影响因素

变量	第1类	第2类	第3类	第4类	第5类	第6类
C	-6.546*** (-7.436) (0.000)	-4.818*** (-21.072) (0.000)	-3.998*** (-9.465) (0.000)	-3.451*** (-5.774) (0.000)	-12.227*** (-3.799) (0.001)	-2.221 (-0.342) (0.735)
Ln（hum）	0.744*** (6.493) (0.000)	0.150*** (6.414) (0.000)	0.079*** (3.451) (0.000)	0.328*** (7.627) (0.000)	0.314 (0.983) (0.336)	0.355** (2.835) (0.010)
Ln（$road$）	0.086 (1.447) (0.149)	0.008 (0.401) (0.688)	0.017 (0.647) (0.517)	-0.035 (-1.580) (0.115)	-0.068 (-0.814) (0.424)	0.399 (0.458) (0.651)
Ln（int）	0.071* (1.741) (0.083)	0.150*** (8.247) (0.000)	0.044 (2.596) (0.009)	0.116*** (4.969) (0.000)	-0.021 (-0.583) (0.566)	0.771** (2.100) (0.048)
Ln（fdi）	-0.056*** (-2.824) (0.005)	-0.009 (-1.114) (0.265)	-0.027** (-2.102) (0.036)	0.037*** (3.206) (0.001)	-0.056 (-0.233) (0.818)	0.309 (1.724) (0.100)
Ln（str）	-1.794*** (-8.933) (0.000)	-0.171*** (-2.624) (0.008)	-0.951*** (-7.696) (0.000)	-1.361*** (-9.206) (0.000)	-1.559*** (-3.764) (0.001)	-2.357* (-1.801) (0.086)
Ln（fis）	0.221** (2.058) (0.041)	0.498*** (11.890) (0.000)	0.419*** (11.648) (0.000)	0.333*** (5.564) (0.000)	0.085 (1.297) (0.208)	-0.626 (-1.495) (0.150)

表6-5(续)

变量	第1类	第2类	第3类	第4类	第5类	第6类
Ln (eco)	0.022** (2.316) (0.021)	0.042*** (6.078) (0.000)	0.038*** (3.868) (0.000)	0.036** (2.535) (0.011)	0.156*** (3.627) (0.001)	0.047 (0.397) (0.695)
Ln (tec)	0.204*** (14.673) (0.000)	0.288*** (26.863) (0.000)	0.241*** (21.607) (0.000)	0.213*** (16.319) (0.000)	0.081*** (3.114) (0.005)	0.182*** (3.886) (0.000)
Ln (env)	1.068*** (23.454) (0.000)	0.663*** (29.512) (0.000)	1.025*** (35.160) (0.000)	0.932*** (28.461) (0.000)	1.720*** (10.351) (0.000)	0.845** (2.811) (0.011)

注：各单元格中第一行为回归系数，第一个括号中数据为 T 检验值，第二个括号中数据为概率值。＊＊＊、＊＊、＊分别表示在1％、5％、10％显著水平上通过检验。

6.2.1 各解释变量对不同类型城市的影响

表6-5 显示了6 种类型城市环境全要素生产率的影响因素。通过对比分析可以看出：

（1）人力资本变量对多数类型城市环境全要素生产率的增长都产生了显著的正向影响，对第5类城市影响虽然未通过显著性检验，但从影响方向来看，仍然为正向影响，说明人力资本变量对我国城市环境全要素生产率具有重要作用。从人力资本对不同类型城市影响的程度来看，该变量每增长1％，第1类城市累积环境 TFP 提高0.74％，其次为第6类城市提高0.36％，再次为第4类和第5类城市，分别提高0.33％、0.31％。这4类城市的共同特征是经济发展水平相对较好，且影响最大的前3类城市还具有二产比重高的共同特征。说明了人力资本水平的提高对于制造业发展具有重要影响，进一步可以促进全要素生产率的显著提高和经济的发展。

（2）基础设施建设变量对环境全要素生产率的影响。以人均城市道路面积表示的基础设施建设指标对所有类型城市环境全要素生产率的影响都未通过显著检验，一定程度上反映了由于我国的快速城市化进程，导致城市基础设施建设相对滞后，城市过度拥挤，城市病凸显，从而对全要素生产率的影响较小。而且该指标对第4类和第5类城市起到了负向影响，进一步观察可以看出，第4类和第5类城市的共同特征是经济发展水平较高、经济密度高，正好反映出了经济的快速发展和高密度经济活动，使得人均城市道路面积相对较小，从而对环境全要素生产率产生了尚不显著的负向影响。而以每万人互联网用户数比重表示的通信基础设施建设水平指标对第 1 类、第 2 类、第 4 类、第 6 类城市的环境全要素生产率都产生了显著的正向影响，而对第 3 类的影响并未通过显著检验，对第 5 类产生了负向影响，但也不显著，说明网络等现代通信设施建设水平的提高对于我国大多数城市经济效率具有正向影响。

（3）外商直接投资变量对不同类型城市环境全要素生产率的影响。从表 6-5 可以看出，外商直接投资对第 1 类、第 2 类、第 3 类、第 5 类这 4 种类型城市的环境全要素生产率产生了负向影响，其中第 1 类和第 3 类通过显著性检验；对第 4 类和第 6 类产生正向影响，其中第 4 类通过显著性检验。第 1 类和第 3 类城市的共同特征是二产比重高、环境规制水平相对较高，一方面说明了外商直接投资在我国三次产业中更多地分布于制造业，另一方面也说明了外商直接投资对我国多数城市环境全要素生产率提高产生阻碍，检验结果支持"污染天堂"假说。而外商直接投资之所以对第 4 类城市产生显著正向影响，分析认为主要是由于该类型城市二产比重高、环境规制水平低，使得外商直接投资对全要素生产率和经济增长的促进作用更为显著，即正向溢出效应高于了污染所导致的负向影响。

（4）产业结构变量对不同类型城市环境全要素生产率的影响。以第二产业增加值占 GDP 比重表示的产业结构变量对 6 种类型城市环境全要素生产率均产生了显著的负向影响，说明了虽然我国工业在改革开放以后取得了显著的成就，由粗放型发展转向集约化发展也取得了可喜的成绩，但从样本年份来看，仍然属于传统粗放型的发展模式，与新型工业化道路的要求尚存在较大差距。在今后的发展中，应当进一步实现产业结构的优化升级，并实现中国制造由产业链的最低端逐步迈向中高端。

（5）财政支出比重对环境全要素生产率的影响分析。以政府财政支出占 GDP 比重表示的财政支出比重指标对第 1 类、第 2 类、第 3 类、第 4 类这 4 种类型城市的环境全要素生产率产生了显著的正向影响，对第 5 类和第 6 类城市影响未通过显著检验。与我们前面对所有城市的分析基本一致。即财政支出规模的增长有利于政府更好地加强地区基础设施建设以及促进高技术产业的发展、产业结构的升级等，从而有利于实现环境全要素生产率的增长。财政支出比重每提高 1%，对第 2 类和第 3 类城市环境全要素生产率的影响最大，这两类城市环境全要素生产率分别提高 0.498% 和 0.419%；该指标对第 1 类和第 4 类城市影响要小一些，分别为 0.221% 和 0.333%。其中，第 2 类和第 3 类城市经济发展水平相对落后，而第 1 类和第 4 类城市经济发展水平则相对较好。这说明了对于经济发展相对较落后的城市，进一步提高政府财政支出有利于环境全要素生产率的提升。

（6）技术投入对不同类型城市环境全要素生产率的影响。以 R&D 经费占财政支出比重表示的各城市技术投入水平指标对 6 种类型城市环境全要素生产率提升均产生了 1% 显著水平下的正向影响。说明研发投入促进了我国不同类型城市的技术进步和全要素生产率的提高。从对各种类型城市影响的大小来看，研发投入对第 5 类城市环境全要素生产率的影响相对较小，研发投入每提高 1%，环境全要素生产率增长 0.081%，第 5 类城市（上海市、无锡市、苏州市、广州市和佛山市）都是我国东部沿海的经济发达城市，制造业比重低、环境规制水平高，而研发投入更多的是应用于制造业发展，因此，对环境全要素生产率的影响相比其他类型城市而言要小；该指标对其他 5 类城市的影响则相对较大，研发投入每提高 1%，第 1 类、第 2 类、第 3 类、第 4 类、第 6 类这 5 种类型城市的环境全要素生产率分别提高：0.204%、0.288%、0.241%、0.213% 和 0.182%。

（7）经济密度（Eco）。以地区生产总值与国土面积之比表示的经济密度指标对所有类型城市都产生了正向影响，其中，对第 1 类、第 2 类、第 3 类、第 4 类、第 5 类这 5 种类型城市的环境全要素生产率产生显著的影响，而对第 6 类城市（包头市、大庆市、东营市、嘉峪关市和克拉玛依市）的影响并未通过显著检验。经济密度反映了各种生产要素在地理空间上的集聚能力，一般而言，经济密度越高，资本和劳动力的空间集聚密度也越高。该指标可较好地衡量一个城市的投入产出集约化程度。本部分的研究结论证明，不管是哪种类型城市，经济密度的提高都会对环境全要素生产率产生正向影响。从经济密度对各种类型城市影响大小的比较来看，第 5 类城市经济密度每提高 1%，环境全要素生产率提高 0.156%，远高于其他城市。而从第 5 类城市经济密度的最终聚类中心来看，为 34 808.76，仅次于第 7 类城市深圳市，远高于其他类型城市。

（8）环境规制水平（Env）。以 SO_2 去除率表示的政府环境规制水平对所有类型城市环境全要素生产率均产生了显著的正向影响。这表明，政府加强环境规制水平，提高环境保护水平，有利于城市环境全要素生产率的提高。从该指标对城市环境全要素生产率影响的大小来看，规制水平平均提高 1%，会使得第 1 类、第 2 类、第 3 类、第 4 类、第 5 类、第 6 类这 6 种类型城市的环境全要素生产率分别提高：1.068%、0.663%、1.025%、0.932%、1.720% 和 0.845%，可以看出，对第 1 类、第 3 类、第 5 类这 3 种类型城市的影响均超过 1%，对第 5 类城市影响最大。这 3 种类型城市的共同特征是环境规制水平高。

因此，在当前我国由于长期粗放型工业发展模式导致环境污染加剧、经济发展难以健康持续发展时，各地政府应当加快提高环境规制水平，这完全可以通过环境全要素生产率的提升而促进我国工业发展方式的转变。

6.2.2　不同类型城市的影响因素与发展模式

在前面各个解释变量对不同类型城市影响方向、影响大小、影响显著性分析基础上，本部分进一步对各类型城市影响因素进行分析，并基于环境全要素生产率视角对城市的发展模式进行探讨。

（1）第 1 类城市环境全要素生产率影响因素与发展模式。

第 1 类城市主要包括北京、天津等城市，具有人口规模大、经济发展水平高、二产比重高、环境规制水平、经济密度高等显著特点。从表 6-5 来看，人力资本、网络基础设施、财政支出比重、环境规制水平、研发投入和经济密度共计 6 个解释变量对该类型城市的环境全要素生产率产生了显著的正向影响；而城市道路基础设施建设虽产生正向影响但并未通过显著检验，外商直接投资和产业结构变量对环境全要素生产率产生了显著的负向影响。

该类型城市虽然环境全要素生产率相对较高，但由于第二产业比重高，平均占比为 53.3%，从而对环境全要素生产率产生了显著的负向影响。因此，对于该类型城市，必须进一步提高城市环境质量，建设生态型城市，走低碳城市发展模式的道路。在发展中，进一步优化产业结构，将第二产业占主导转变为以第三产业为主导，同时，工业发展走"高、新、精"的新模式。

（2）第 2 类城市环境全要素生产率影响因素与发展模式。

第 2 类城市具有人口规模大、经济发展水平落后、工业化水平低、环境规制水平低、经济密度低等显著特点。人力资本、网络基础设施、财政支出比重、环境规制水平、研发投入和经济密度共计 6 个解释变量对该类型城市的环境全要素生产率产生了显著的正向影响；外商直接投资和产业结构变量对环境全要素生产率产生负向影响，其中产业结构对环境全要素生产率的影响通过显著性检验。

该类型城市环境全要素生产率年均增长率是所有类型城市中最低的。对于该类型城市，由于其工业化程度低、经济落后和经济密度低的特点，因此，在发展中，需要进一步通过要素聚集、产业聚集实现经济的快速发展，同时由于其人口规模相对较大，可充分利用劳动力优势，优先发展劳动密集型产业。

（3）第 3 类城市环境全要素生产率影响因素与发展模式。

第 3 类城市具有人口规模小、经济发展水平落后、第二产业比重高、环境规制水平高、经济密度低等显著特点。人力资本、财政支出比重、环境规制水平、研发投入和经济密度共计 5 个解释变量对该类型城市的环境全要素生产率产生了显著的正向影响；而城市道路基础设施建设和网络基础设施建设虽产生正向影响但并未通过显著检验，外商直接投资和产业结构变量对环境全要素生产率产生了显著的负向影响。

该类型城市应以发展经济为第一要务，加快传统工业改造和转型升级是其发展中面临的重要课题，应根据其自身特点，通过新型工业化道路的实施，实现要素和产业聚集，从而实现经济效率的提高和经济的快速发展。

（4）第 4 类城市环境全要素生产率影响因素与发展模式。

第 4 类城市具有人口规模小、经济发展水平相对较高、第二产业比重高、环境规制水平低、经济密度高等显著特点。人力资本、网络基础设施建设、外商直接投资、财政支出比重、环境规制水平、研发投入和经济密度共计 7 个解释变量对该类型城市的环境全要素生产率产生了显著的正向影响；而城市道路基础设施建设产生并不显著的负向影响，产业结构变量对环境全要素生产率产生了显著的负向影响。与其他类型城市不同的是，外商直接投资变量对该类型城市环境全要素生产率产生了显著的正向影响。

由于该类型城市的经济发展水平相对较高，但环境规制水平低和二产比重高的特点，因此，对于该类型城市，为实现可持续发展，必须提高环境规制水平；降低二产比重、提高服务业比重，实现产业结构的优化；同时，依托原有工业基础，提高高技术产业的比重，促进低碳制造产业的升级发展。低碳工业发展模式是该类型城市发展的首选。

（5）第 5 类城市环境全要素生产率影响因素与发展模式。

第 5 类城市具有人口规模大、经济发展水平较高、第二产业比重低、环境规制水平高、经济密度高等显著特点。环境规制水平、研发投入和经济密度共计 3 个解释变量对该类型城市的环境全要素生产率产生了显著的正向影响；人力资本和财政支出比重产生了并不显著的正向影响，而城市道路基础设施建设、网络基础设施建设和外商直接投资对环境全要素生产率则产生了并不显著的负向影响。

该类型城市（上海市、无锡市、苏州市、广州市和佛山市）环境全要素生产率平均值是所有类型城市中最高的。对于该类型城市，第三产业所占比重相对较高，工业虽然仍占据主导地位，但比重逐步降低，从环境全要素生产率的变动来看，已经基本实现了环境与经济的友好协调发展。

（6）第 6 类城市环境全要素生产率影响因素与发展模式。

第 6 类城市具有人口规模小、经济发达、第二产业比重高、环境规制水平低、经济密度低等显著特点。人力资本、网络基础设施、研发投入和环境规制水平共计 4 个变量对环境全要素生产率产生了显著的正向影响；道路基础设施、外商直接投资和经济密度 3 个变量则产生了并不显著的正向影响；产业结构变量和财政支出比重 2 个变量对环境全要素生产率产生了负向影响。分析认为，这主要是由于该类型城市本身自然资源富集，通过资源的开采，较容易实现经济的快速发展，但该类城市往往缺乏有效的制度安排，相应的配套设施较差，环境管理水平低，所以道路基础设施和政府财政支出等变量并未通过显著检验；同时，自然资源的开采等行业主要为国有企业所垄断，外资很难进入，所以对全要素生产率也难以产生显著影响。

该类型城市环境全要素生产率平均值在所有类型城市中排名倒数第三位，属于典型的资源依赖型城市。该类型城市产业结构相对单一，长期发展过程中，环境规制水平低，对生态环境破坏较为严重。对于该类型城市，必须改变原有发展模式，对原有的资源型产品进行深加工，使产业链不断延伸；同时，提高环境规制水平，从原有粗放型工业发展模式向循环工业、绿色工业、低碳工业发展模式转变，走新型工业化道路。

6.3　结论

对城市进行分类研究，既是对城市间所存在的现实差异性的尊重，也是正确分析不同城市全要素生产率及其影响因素的前提和基础。根据本书研究的目的，本部分从城市规模、经济水平、产业结构、环境规制水平、经济密度五个方面通过聚类分析对城市进行分类研究，并进一步分析不同类型城市环境全要素生产率的影响因素：

（1）聚类分析将 285 个地级市分为了 8 类城市。第 7 类和第 8 类分别仅有 1 个城市，其中，第 7 类城市具有总人口量较少、二产比重相对较低、经济密度高、环境规制水平高的特征，根据原始数据，该城市为深圳市。第 8 类城市具有人口规模小、经济密度小和二产比重高、环境规制水平高及人均地区生产总值高的特征，同样根据原始数据可发现，该城市为内蒙古的鄂尔多斯市。第 1 类城市包含 26 个城市，具有人口规模大、经济发展水平高、经济密度高、二产比重高和环境规制水平高的特点。第 2 类城市包含 126 个城市，该类型城市包含数量最多，具有人口规模大、经济发展水平落后、工业发展水平低、政府环境规制水平低、经济密度低的特征。第3类城市包含76个城市，具有人口规模小、经济发展落后、二产比重和环境规制居于全国平均水平、经济密度低的特点。第4类城市包含45个城市，该类型城市具有人口规模小、经济发展水平较高、二产比重高、环境规制水平低、经济密度高的特征。第5类城市和第6类城市分别仅有5个城市，第5类城市具有人口规模大、经济发展水平较高、二产比重低、环境规制水平高和经济密度高的特征，第6类城市人口规模较小，具有人口少、经济发达、经济密度低、二产比重高和环境规制水平低的特征，所包含的5个城市分别为：包头市、大庆市、东营市、嘉峪关市和克拉玛依市。可以看出，这些城市基本都是典型的资源依赖型城市。

（2）环境全要素生产率的影响因素分析。采用累积的环境全要素生产率作为因变量，人力资本、基础设施、外商直接投资、产业结构、财政支出比重、技术投入、经济密度、环境规制水平等8个变量作为自变量进行面板数据回归分析。实证结果表明，人力资本变量对多数类型城市环境全要素生产率的增长都起到了显著的正向影响，对第5类城市影响虽然未通过显著性检验，但从影响方向来看，仍然为正向影响，说明人力资本变量对我国城市环境全要素生产率具有重要作用。以人均城市道路面积表示的基础设施建设指标对所有类型城市环境全要素生产率的影响都未通过显著检验，一定程度上反映了由于我国的快速城市化进程，导致城市基础设施建设相对滞后，城市过度拥挤，城市病凸显，从而对全要素生产率的影响较小。而以每万人互联网用户数比重表示的通信基础设施建设水平指标对第1类、第2类、第4类、第6类城市环境全要素生产率都产生了显著的正向影响。外商直接投资对第1类、第2类、第3类、第5类这4种类型城市的环境全要素生产率产生了负向影响。产业结构变量对6种类型城市环境全要素生产率均产生了显著的负向影响，说明了虽然我国工业在改革开放以后取得了显著的成就，由粗放型发展转向集约化发展也取得了可喜的成绩，但从回归结果来看，仍然属于传统粗放型的发展模式。财政支出比重对第1类、第2类、第3类、第4类这4种类型城市的环境全要素生产率产生了显著的正向影响。以R&D经费占财政支出比重表示的各城市技术投入水平指标对6种类型城市环境全要素生产率提升均产生了1%显著水平下的正向影响，说明研发投入促进了我国不同类型城市的技术进步和全要素生产率的提高。以地区生产总值与国土面积之比表示的经济密度指标对所有类型城市都产生了正向影响，其中，对第1类、第2类、第3类、第4类、第5类这5种类型城市的环境全要素生产率产生显著的影响。以SO_2去除率表示的政府环境规制水平对所有类型城市环境全要素生产率均产生了显著的正向影响，说明政府加强提高环境规制水平，提高环境保护水平，有利于城市环境全要素生产率的提高。

（3）不同类型城市的影响因素与发展模式分析。本部分根据各类型城市的特点和环境全要素生产率的影响因素，简要分析了各类型城市应有的发展模式。第 1 类城市应进一步优化产业结构，将第二产业占主导转变为以第三产业为主导，同时，工业发展走"高、新、精"的新模式。第 2 类城市须进一步通过要素聚集、产业聚集实现经济的快速发展，同时由于其人口规模相对较大，可充分利用劳动力优势，优先发展劳动密集型产业。第 3 类城市应以发展经济为第一要务，加快传统工业改造和转型升级是其发展中面临的重要课题，应根据其自身特点，通过新型工业化道路的实施，实现要素和产业聚集，从而实现经济效率的提高和经济的快速发展。第 4 类城市为实现可持续发展，必须提高环境规制水平；降低二产比重、提高服务业比重，实现产业结构的优化；同时，依托原有工业基础，提高高技术产业的比重，促进低碳制造产业的升级发展。低碳工业发展模式是该类型城市发展的首选。第 5 类城市基本实现了环境与经济的友好协调发展。第 6 类城市必须改变原有发展模式，对原有的资源型产品进行深加工，使产业链不断延伸；同时，提高环境规制水平，从原有粗放型工业发展模式向循环工业、绿色工业、低碳工业发展模式转变，走新型工业化道路。

第7章 城市环境全要素生产率的空间计量分析

7.1 引言

　　社会经济活动既具有时间维度特性，也具有空间维度特性，由此，经济现象既表现出了时间上的相关性，也表现出了地理空间上的某种依赖性。比如，贫困落后地区在地理空间上总是具有连片特征，经济发达地区也总是相互邻近。对于空间交互关系的产生，空间溢出效应是其重要原因之一。相邻空间区域，交通基础设施的通达性更强，劳动力、资本流动更具便利性，一个地区技术进步、技术效率的提高会率先扩散到周边区域，从而形成相邻地理空间上经济单元间的"同化"。因此，从经济学这一角度看，对于经济变量变化规律的分析，不能忽略变量间在空间上的联系。

　　20世纪七八十年代开始，在传统的计量分析中，经济学者逐渐将经济变量的空间效应纳入模型构建中，从而使得研究者对经济运行规律的分析能力得到极大提高，减少了传统模型中难以被解释部分的信息量，空间计量经济学逐步兴起。

　　作为一个开放系统，城市之间存在着紧密联系，尤其是在地理空间上接近的城市之间，其联系往往更为紧密，这既是城市经济发展的内在要求，也是劳动分工的产物。同时，城市间的这种联系也成了区域经济社会发展演化的重要推动力。

　　前面对城市环境全要素生产率及其影响因素的研究中，从人力资本、基础设施、外商直接投资、产业结构、财政支出比重、技术投入、经济密度、环境规制水平等八个方面进行了分析，但这些都是从城市本身寻找的影响因素，忽略了城市间可能存在的空间互动关系。而事实上，诸多因素都存在空间上的相互影响，比如一个城市研发投入水平、人力资本水平等的提高，都会对地理空间上较为接近的城市产生溢出效应。而一个城市的环境污染，尤其是大气污染等同样也会传递到相邻的城市，当城市间距离较近时，就会产生污染叠加效应，造成更为严重的污染。因此，本部分试图借助近年来发展起来的空间计量技术对城市环境全要素生产率及其影响因素的空间特性进行分析。

7.2 文献回顾

目前，空间计量经济学已经在区域经济增长、环境问题、人口与社会发展等方面得到了广泛的运用。借助于空间计量技术对全要素生产率的研究近几年也已经涌现出了大量文献。这些文献多数从省级层面分析不同影响因素对全要素生产率的空间溢出效应。曾淑婉（2013）通过构建空间计量模型对我国30个地区1998—2010年财政支出对全要素生产率的溢出效应进行实证分析。研究结果表明，财政支出对临近省份的 TFP 产生了空间溢出效应。从东部与西部地区的比较来看，西部地区省份的财政支出对周边省份 TFP 产生较高的正向空间溢出效应，但是东部地区省份的这种效应则显示为负外部性；进一步从时间演变趋势来看，财政支出的空间溢出效应呈现先高后低的倒"U"形走势。

程中华和张立柱（2015）采用我国主要地级市相关数据实证分析了产业集聚变动对城市 TFP 影响的空间溢出效应。实证分析表明，我国城市 TFP 的空间相关性随时间演变逐步增强，其溢出效应在 0~950 千米空间范围内表现为倒"U"形趋势。而不同类型产业集聚对城市全要素生产率的影响不同，其中，制造业集聚对城市 TFP 产生负向影响，而生产性服务业集聚和市场潜能则产生正向影响。张新红和庄家花（2014）采用非参数的数据包络分析法对海峡西岸20个设区市的全要素能源效率进行了研究，并进一步采用空间计量法对这些城市全要素能源效率的区位特征及其影响因素进行了实证分析，认为空间计量模型对城市能源效率分布特征的解释力度更高，城市能源效率与周边城市的能源效率水平呈现为正相关关系；而对外开放度和产业结构两个变量则对海西能源效率产生了显著的负向影响。万伦来、唐鹏展和杨灿（2013）采用空间计量分析模型对安徽淮河流域八个地级城市工业化差异的影响因素进行实证研究，认为虽然劳动要素对淮河流域工业经济增长起到了重要的推动作用，但资本要素是最主要的推动力量；工业 TFP 对各个城市间的工业化水平具有重要影响，工业化水平越高，其工业 TFP 往往也越高，两者呈正相关关系。刘舜佳和王耀中（2013）以县域为样本构建空间 Durbin 模型，对基础设施影响县域全要素生产率的空间溢出效应进行分析。检验结果表明，以城市化建设和通信建设等为代表的实体性基础设施弱化了所在县域的全要素生产率，对临近地区的全要素生产率没有产生显著的空间溢出；而以教育、金融服务为代表的社会性基础设施则对所在地区全要素生产率产生正向影响，但对临近地区全要素生产率存在显著的负向空间溢出效应。吴玉鸣和李建霞（2006）运用空间计量分析中的莫兰指数以及地理加权回归模型法，对我国 31 个省级地区的工业全要素生产率进行了测算分析。研究结果表明，空间计量经济学模型对于测算分析我国省域工业全要素生产率具有较好的效果。赵云和李雪梅（2015）采用 1998—2012 年我国省级区域数量研究了知识溢出对各省全要素生产率的影响。一个地区的全要素生产率不仅仅受到自身知识资本存量的影响，而且受邻近地区知识资本存量影响，从而证明了知识溢出对全要素生产率的影响具有某种程度的空间依赖性。张保胜（2014）采用 Malmquist 方法测算了我国 30 个地区的 TFP 变化、技术进步变动、技术效率变化，并采用空间计量经济学方法分析了其收敛情况。研究认为，从平均值来看，全国 TFP 总体呈增加态势；同时，技术变化也成增加态势，而技术效率则逐渐下降。无论是否考虑空间相关因素，三个指标都未显示 σ 收敛，但变量的标准差出现显著的变动。

王文静、刘彤和李盛基（2014）采用空间计量模型分析了人力资本空间溢出对 TFP 增长的影响。结果表明，全要素生产率的增长既取决于本地区人力资本水平，也受到邻近地区人力资本水平的影响，以及考虑地理距离的考察省区技术追赶效应；人力资本平均水平对 TFP 增长起到正向促进作用，邻近地区人力资本对 TFP 增长产生正向空间溢出效应。吕健（2013）对我国金融业全要素生产率进行测算并采用空间数据分析方法，考察了市场化对全要素生产率的影响。研究结果表明，1997—2011 年，我国金融业全要素生产率呈现为下降趋势，且空间自相关检验显著；市场化对金融业全要素生产率的影响具有阶段性特征，2002—2006 年，市场化对金融业全要素生产率产生负向影响；而在其他样本时期内，市场化则对金融业 TFP 增长产生显著的正向影响。许海平和王岳龙（2010）针对研究文献中忽略空间相关而导致研究结论出现偏差的问题，采用空间计量方法对我国 1991—2008 年城乡收入差距与全要素生产率的关系进行了实证研究，认为我国城乡收入差距和全要素生产率存在着空间依赖性，且这种依赖性表现出显著的区域差异性。高秀丽和孟飞荣（2013）

测算了我国1997—2010年省级区域的物流业全要素生产率，并通过构建空间计量模型对其影响因素进行分析。实证表明，物流业全要素生产率具有显著的空间相关性和空间异质性。各地区的地理环境对物流业全要素生产率增长产生显著影响，空间相邻省份的物流业全要素生产率呈现趋同现象；此外，基础设施变量、工业化水平等对物流业全要素生产率也产生明显的促进作用。舒辉、周熙登和林晓伟（2014）采用空间面板计量方法对我国物流业集聚对全要素生产率的影响进行了实证分析。研究结果表明，物流产业空间集聚可有效降低交易成本，不仅能够促进本地区全要素生产率的增长，而且通过空间溢出效应对临近地区的全要素生产率增长产生正向影响。王珏、宋文飞和韩先锋（2010）通过构建空间计量模型对1992—2007年我国各地区农业全要素生产率的影响因素进行了实证分析。结果表明，农业TFP在空间分布上具有明显的正自相关关系，地区农业TFP存在空间溢出效应，且空间分布表现为空间集聚趋势。石慧和吴方卫（2011）在测算中国28个省级地区农业全要素生产率的基础上，利用空间统计分析，研究了各省份农业全要素生产率的空间相关性。结果表明，20世纪80年代中期以后，我国各地区农业TFP不存在全局空间相关性，但存在局部空间相关性，且这种低水平的空间相关性主要集中在我国中部地区，高水平省份不存在空间相关性。刘建国和张文忠（2014）通过空间计量模型对1990—2011年中国全要素生产率的空间相关性进行分析。研究结果表明，省域全要素生产率在大多数年份都表现为空间自相关，即一个地区全要素生产率的提升，也会与周边省份全要素生产率产生明显的关联。进一步建议我国各地方政府在经济发展过程中加强跨区域合作，通过全要素生产率的溢出效应实现共赢。刘华军和杨骞（2014）对我国资源、环境双重约束下的省级全要素生产率进行了测算，并基于空间面板数据对资源环境约束的全要素生产率影响因素进行了实证分析。研究表明，考虑资源投入和污染产出情形下的全要素生产率存在明显的正向空间溢出效应，因此，应进一步打破区域壁垒，促进区域经济一体化的加快发展，以便能够更好地发挥空间溢出效应在促进环境全要素生产率增长方面的作用。

不管是从空间计量经济学理论发展的角度，还是从空间计量经济学进行实证研究的角度，将其理论用来分析我国在区域经济发展、城市化进程等方面的具体问题，都具有十分重要的理论意义和实践应用价值。但从以上文献可以看出，对于全要素生产率的空间计量分析，尽管学者已经从不同层面、不同行业进行了实证研究，但对于城市全要素生产率之间的空间溢出效应，尤其是城市环境全要素生产率的空间效应，研究仍然相对较少。

7.3　研究方法与数据处理

对于全要素生产率及其影响因素的空间计量分析，本部分研究中采用以下思路：首先应用空间统计分析中的 Moran I 指数对环境约束下全要素生产率（被解释变量）的空间自相关性进行检验。当环境全要素生产率存在空间自相关性时，则建立空间计量经济模型，对其影响因素进行估计和检验；而当环境全要素生产率不存在空间自相关性时，则只需建立传统计量经济模型进行研究。

（1）空间自相关分析。

对于全要素生产率空间自相关性是否存在的检验，采用空间统计学中常用的 Moran I 指数，该指数有全局指标（Global Moran's I）和局部指标（Local Moran's I）两种。

全局 Moran's I 指数公式为：

$$Moran's? \ I_t? = \frac{1}{\sum\limits_{i=1}^{n}\sum\limits_{j=1}^{n} w_{ij}} \cdot \frac{\sum\limits_{i=1}^{n}\sum\limits_{j=1}^{n} w_{ij}(TFP_{it} - \overline{TFP})(TFP_{jt} - \overline{TFP})}{\sum\limits_{i=1}^{n}(TFP_{it} - \overline{TFP})^2/n} \qquad (7-1)$$

局部 Moran's I 指数公式为：

$$Moran's? \ I_{it}? = \frac{(TFP_i - \overline{TFP})\sum\limits_{j=1}^{n} w_{ij}(TFP_j - \overline{TFP})}{\sum\limits_{i=1}^{n}(TFP_i - \overline{TFP})^2/n} \qquad (7-2)$$

上式中，w_{ij} 为权重矩阵 w 的元素，如果地区 i 和地区 j 是空间邻近，则 w_{ij} 设定为 1；如果地区 i 和地区 j 不相邻，则 w_{ij} 设定为 0。TFP_i 和 TFP_j 分别表示地区 i 和地区 j 的环境全要素生产率，$\overline{TFP}$ 表示环境全要素生产率的平均值，n 表示城市数量。Moran's I 的取值范围为 [-1，1]，取值小于 0，表示空间负相关；取值大于 0，说明空间正相关；取值越趋近于 0，表示环境全要素生产率的两个地区空间相关性越小。全局 Moran's I 指数描述的是不同样本地区在某个观测变量方面的空间自相关模式，而不同样本地区之间的差异也可能被平均，从而难以反映样本地区间的空间依赖情况。局部 Moran's I 指数有效弥补了全局 Moran's I 指数的不足，描述了局部的空间自相关，进一步揭示有关样本地区聚集的相关信息（石慧，吴方卫，2011）。

（2）空间计量经济模型的设定与估计。

空间计量模型研究的空间效应包括空间相关性和空间差异性。空间相关性是指一个地区的变量观测值与其他城市的观测值存在相关关系，即存在空间依赖性，而且这种依赖性与地区之间的空间距离具有紧密联系。空间差异性则是指由于不同地区间存在的差异性而产生的空间效应在区域层面上的非均衡性，即空间相关性由模型中没有涉及的其他因素或变量所决定（Anselin，1988）。

目前，在空间计量模型设定方面，常用的方法主要有两种：空间滞后模型（Spatial Lag Model，SLM）和空间误差模型（Spatial Error Model，SEM）。空间滞后模型也称为空间自回归模型（Spatial Autocorrelation Model，SAR）。

空间滞后模型主要是分析一个变量观测值在不同地区间是否存在扩散现象，即空间溢出效应。模型表达式为：

$$y = \rho wy + x\beta + \varepsilon \tag{7-3}$$

式（7-3）中，y 表示被解释变量，x 表示解释变量矩阵，ρ 为空间自回归系数，其估计值能够反映空间相关性的大小和方向，w 为空间权重矩阵，ε 表示随机误差项。模型的经济含义为，如果被解释变量存在空间相关性，即该被解释变量不仅仅受到本地区某些相关因素的影响，还会受到相邻地区该变量变动的影响，在构建模型时，如果忽略这一因素，会导致估计结果存在较大误差。例如一个地区的房价不仅仅受到本地区人口、经济水平等因素的影响，还会受到周边地区房价的影响。

空间误差模型考察的是相邻地区间无法观测到的因素的空间相关性，且这些因素会对因变量产生的影响。其数学表达为：

$$y = x\beta + \varepsilon \tag{7-4}$$

$$\varepsilon = \lambda w\varepsilon + \mu$$

式（7-4）中，ε 表示随机误差项，λ 表示空间误差系数，反映了残差之间的空间关联情况，μ 表示随机误差项。

（3）模型选择的方法。

对于空间计量模型的选择，主要根据拉格朗日乘数形式 LMERR、LMLAG 统计量及其稳健的 Robust-LMERR、Robust-LMLAG 检验进行选择。Burridge 于 1980 年提出了 LMERR 检验，Anselin 于 1988 年提出了 LMLAG 检验，Bera 和 Yoon 于 1992 年对该统计量进行进一步修正，在此基础上提出了稳健的 LMERR（Robust LM‑Error）、LMLAG（Robust LM‑LAG）检验（陶长琪，杨海文，2014）。分别如下：

$$LM - Error = \frac{(e'We/s^2)^2}{T} \sim \chi^2(1) \tag{7-5}$$

$$LM - Lag = \frac{[e'Wy/(e'e/N)]^2}{R} \sim \chi^2(1) \qquad (7-6)$$

$$Robust \ LM - Error = \frac{(e'Wy/s^2 - TR^{-1}e'We/s^2)^2}{T - T^2R^{-1}} \sim \chi^2(1) \qquad (7-7)$$

$$Robust \ LM - Lag = \frac{(e'Wy/s^2 - e'We/s^2)^2}{R - T} \sim \chi^2(1) \qquad (7-8)$$

上式中，$R = (wx\beta)'M(wx\beta)(e'e/N) + tr(w^2 + w'w)$，$s^2 = e'e/N$，$T = tr(w^2 + w'w)$，$\beta$ 表示原有假设中模型参数的 OLS 估计值。四个检验统计量均渐进服从自由度为 1 的卡方分布。

对于 SEM 和 SLM 模型的选择，Anselin 等学者认为，当空间依赖性检验中的 LMLAG 统计量值比 LMERR 统计量值更为显著时，且 Robust-LMLAG 统计量值显著而 Robust-LMERR 不显著，那么，采用空间滞后模型更为合适；反之，LMERR 统计量值比 LMLAG 统计量值更为显著时，且 Robust-LMERR 统计量值显著而 Robust-LMLAG 不显著，那么应当选择空间误差模型。此外，吴玉鸣（2006）等学者也认为，拟合优度值、自然对数似然函数值（Log likelihood）、赤池信息准则（Akaike Information Criterion，AIC）、施瓦茨准则（Schwartz Criterion，SC）。对数似然值越大、赤池信息准则和施瓦茨准则检验值越小，模型的拟合效果也会越好。

7.4 实证分析

（1）数据说明。

本部分以长江中游城市群为例，分析环境全要素生产率的空间相关性。因变量为样本城市累积的环境全要素生产率，自变量分别为人力资本（Hum）、基础设施（Ins）、外商直接投资（FDI）、产业结构（Str）、财政支出比重（Fis）、技术投入（Tec）、经济密度（Eco）、环境规制水平（Env）等变量，其中，基础设施包括以人均城市道路面积（Road）表示交通基础设施建设水平和以每万人国际互联网用户数（Int）表示通信基础设施建设水平两个变量。

样本城市包括南昌市、景德镇市、萍乡市、九江市、新余市、鹰潭市、吉安市、宜春市、抚州市、上饶市、武汉市、黄石市、宜昌市、襄阳市、鄂州市、荆门市、孝感市、荆州市、黄冈市、咸宁市、长沙市、株洲市、湘潭市、衡阳市、岳阳市、常德市、益阳市、娄底市等共计 28 个城市。

（2）空间权重矩阵的设定。

根据长江中游城市群 28 个城市所在的空间位置，利用其相互间的空间距离的倒数构造出空间权重矩阵 W（28 * 28）。并进行标准化处理，得到标准化的空间加权矩阵 C（28 * 28）。$C_{ij} = W_{ij} / \sum\limits_{i=1}^{28} W_i$ （7-9）

同时，为防止由于权重矩阵的设置偏差所导致的研究结果的失真，也为了进一步考察各个城市经济发展之间的相互影响和作用对环境约束下的全要素生产率的影响，本部分的研究中，进一步构建经济空间权重矩阵 M，$M = W * E$，

$E_{ij} = \dfrac{1}{\overline{Z_i} - \overline{Z_j}}$，其中，$\overline{Z_i}$ 表示第 i 个样本城市在考察期内人均地区生产总值的平

均数，$\overline{Z_j}$ 表示第 j 个样本城市在考察期内人均地区生产总值的平均数。

（3）空间自相关检验。

全局 Moran's I 的结果可以描述总体上长江中游城市群环境全要素生产率的空间自相关情况，但这一结果也可能同时将地区之间的差异进行了平均，无法真实反映各个城市间的空间依赖具体情况。而局部 Moran's I 指数可以通过散点图更加清晰地描述部分城市之间的相关情况。对长江中游城市群的空间自相关检验结果见表 7-1 和图 7-1。

表 7-1 长江中游城市群全局空间自相关检验

年份	空间距离矩阵 W	
	MI 值	P 值
2006	−0.077 3	0.424 2
2007	−0.090 5	0.310 6
2008	−0.068 4	0.638 4
2009	−0.036 7	0.669 8
2010	−0.075 6	0.396 3
2011	−0.027 8	0.465 7
2012	0.014 6	0.107 5

从表 7-1 可以看出，长江中游城市群环境全要素生产率的空间相关性检验结果并不显著，即环境全要素生产率与邻近城市的生产率不存在显著的相关性。但是，由于城市之间的生产率相关性可能仅仅存在于部分城市之间，或者正负相关相互抵消掉从而在统计上无法反映出来，由此根据表 7-1 的结果尚

无法肯定样本所有城市的生产率都与邻近城市不相关。

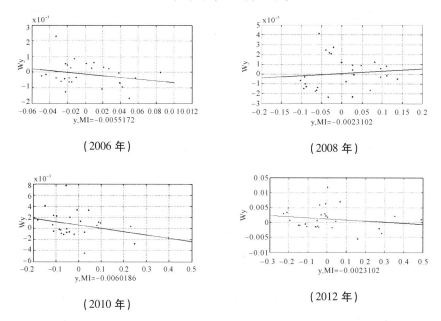

（2006 年）

（2008 年）

（2010 年）

（2012 年）

图 7-1　2006 年、2008 年、2010 年和 2012 年 Moran 散点图

图 7-1 显示了 2006 年、2008 年、2010 年和 2012 年的 Moran 散点图。散点图中的结果均是被标准化之后的，横轴和纵轴分别表示环境全要素生产率的当期值和滞后项。样本城市分布在图中的四个象限，这四个象限分别表示四种类型的空间相关性，其中：第一象限表示高高类型，即环境全要素生产率相对较高的城市，其临近的城市也是生产率较高的城市；第二象限表示低高类型，即环境全要素生产率相对较低的城市，其临近的城市却是生产率较高的城市；第三象限表示低低类型，即环境全要素生产率相对较低的城市，其临近的城市也是生产率较低的城市；第四象限则表示高低类型，即环境全要素生产率相对较高的城市，其临近的城市却是生产率较低的城市。高高类型和低低类型为正的空间自相关，而高低类型和低高类型则看作是负空间自相关。从图 7-1 四个年份的 Moran 散点图能够看出，分布在第一象限和第三象限的城市个数相对较多，总体数量较为稳定，这说明城市间的关系在较短的样本时期内并未发生较大变化，各城市之间环境全要素生产率虽然不存在全局的空间相关性，但是存在局部相关性。

（4）模型的建立与参数估计。

对面板数据回归结果的分析来看，LMLAG 值为 11.79，概率值为 0.001，

LMERROR 检验值 1.78，概率值为 0.181；且 R-LMLAG 值为 99.67，概率值为 0.000，R-LMERROR 检验值为 89.66，概率值为 0.000。由于 LMLAG 值大于 LMERROR，R-LMLAG 值大于 R-LMERROR 检验值，故选择空间滞后模型更合适。

在空间自回归模型中，变量的空间相关关系由因变量的空间滞后项来反映，用于分析长江中游城市群环境全要素生产率的空间自回归模型为：

$$\ln TFP_{kt} = \mu_k + \rho C\ln TFP_{kt} + \beta_1 \ln hum_{kt} + \beta_2 \ln road_{kt} + \beta_3 \ln int_{kt} + \beta_4 \ln fdi_{kt}$$
$$+ \beta_5 \ln str_{kt} + \beta_6 \ln fis_{kt} + \beta_7 \ln env_{kt} + \beta_8 \ln tec_{kt} + \beta_9 \ln eco_{kt} + \varepsilon_{kt} \qquad (7-10)$$

上式中，$k = 1$，2，$\cdots$，28 表示长江中游城市群的 28 个城市，$t = 2006$，2007，$\cdots$，2012 表示年份，TFP 表示环境全要素生产率，C 表示标准化的空间距离权重矩阵，ρ 表示空间自相关系数，其估计值反映了空间相关性的方向和大小，β 表示各个自变量的回归系数，ε 为随机误差项。

运用 MATLAB 空间计量软件包采用极大似然法估计空间自回归模型的各个参数，估计结果见表 7-2。为了便于比较，本书还给出了采用空间误差模型估计的结果：

表 7-2　　　　　　2006—2012 年长江中游城市群环境全要素
生产率影响因素估计结果

变量	SLM		SEM	
	系数	T 检验值	系数	T 检验值
Ln（hum）	0.033	1.127	0.032	1.121
Ln（road）	−0.050*	−1.610	−0.037	−1.192
Ln（int）	0.162	0.810	0.026	1.239
Ln（fdi）	−0.047**	−2.270	−0.063***	−3.079
Ln（str）	−0.667***	−4.977	−0.664***	−4.776
Ln（fis）	−0.243***	−5.035	−0.272***	−5.249
Ln（env）	0.031***	2.665	0.027**	2.339
Ln（tec）	0.012	1.204	0.015	1.211
Ln（eco）	0.153***	4.776	0.182***	5.574
ρ	0.501***	4.721		

表7-2(续)

变量	SLM		SEM	
	系数	T检验值	系数	T检验值
λ			0.561***	5.246
R^2	0.755		0.716	
$log-likehood$	252.87		251.72	
样本数	196		196	

注：＊＊＊、＊＊、＊分别表示在1%、5%、10%显著水平上通过检验。

从表7-2的检验可以看出，空间滞后模型的对数似然函数值Log-likehood为252.87，略大于空间误差模型的对数似然函数值251.72，表明采用空间滞后模型估计较好。

空间自回归系数ρ的估计结果为0.501，空间误差自相关系数λ的值为0.561，T检验值分别为4.721和5.246，均通过1%的显著性水平检验，说明长江中游城市群环境全要素生产率存在显著的正向空间依赖关系。从空间自回归模型结果来看，周边临近的城市环境全要素生产率每提高1个百分点，该城市的环境全要素生产率则提高0.501个百分点，相邻城市环境全要素生产率水平的提高有利于本城市环境绩效的改善。

从各个自变量的估计系数来看，人力资本变量、网络基础设施建设、环境规制水平、技术投入、经济密度均对环境全要素生产率的增长产生正向影响，这与面板数据的传统估计结果基本一致。以城市人均道路面积表示的交通基础设施建设水平对环境全要素生产率水平的提高产生了负向影响，这与以中部地区城市为例分析的环境全要素生产率的影响因素结果是一致的，即城市基础设施建设改善速度落后于快速的城市化进程，从而对环境经济绩效产生不利影响。财政支出比重变量也对环境约束下的城市全要素生产率提高产生了负向影响，这与多数学者的研究结论并不一致，但朱鸿伟和杨旭琛（2013）等学者的研究认为，财政支出能否促进经济绩效的提高，政府干预虽然会对经济绩效提高产生一定的正向影响，但也可能会扭曲要素价格体系造成资本效率的降低和社会福利的损失，因此，政府干预究竟能否促进经济绩效的提升，取决于两种力量的对比。本部分的估计结果表明，长江中游城市群政府财政支出对环境全要素生产率的提高产生了不利影响。产业结构对环境全要素生产率的变动产生了显著的负向影响，这与前面的分析基本一致。长期以来，我国工业增长所采用的高投入、高产出、高污染模式，加重了环境保护压力，从而当考虑环境污染这一负产出时的经济绩效时，第二产业比重对环境全要素生产率产生了显著的负向影响。外商直接投资变量也对环境全要素生产率产生了显著的负向影响，同样支持了前面的研究结论，说明改革开放以来，虽然我国吸引了大量外资，但这些外资主要是发达国家的产业转移，外资更多流入了工业中的高消耗、高污染部门，从而对环境 TFP 增长产生了明显的阻碍，这一结论也支持了"污染者天堂"假说。

7.5 结论

由于地理位置、劳动力等要素的空间流动，使得经济体在空间上存在着紧密的联系，尤其是技术溢出，更容易促进邻近地区的经济发展。在城市经济发展过程中，邻近城市的技术进步、产业结构、污染排放等都可能会对本城市产生重要影响，因此，对城市环境全要素生产率的研究，不应该忽略这种可能存在的空间效应。本章在对空间计量相关文献回顾的基础上，以长江中游城市群为例，对环境约束下全要素生产率的影响因素进行了分析，研究结果表明：

（1）长江中游城市群环境全要素生产率的空间相关性检验结果并不显著，即环境全要素生产率与邻近城市的生产率不存在显著的相关性。但是，由于城市之间的生产率相关性可能仅仅存在于部分城市之间，或者正负相关相互抵消掉从而在统计上无法反映出来，因而，Moran 散点图进一步分析了各城市间的空间相关性，结果显示，长江中游各城市之间环境全要素生产率存在局部相关性。

（2）构建空间自回归模型，运用 MATLAB 空间计量软件包采用极大似然法进行估计。结果表明，空间自回归系数 ρ 的估计结果为 0.501，空间误差自相关系数 λ 的值为 0.561，T 检验值分别为 4.721 和 5.246，均通过 1% 的显著性水平检验，说明长江中游城市群环境全要素生产率存在显著的正向空间依赖关系。从空间自回归模型结果来看，周边临近的城市环境全要素生产率每提高 1 个百分点，该城市的环境全要素生产率则提高 0.501 个百分点，相邻城市环境全要素生产率水平的提高有利于本城市环境绩效的改善。

（3）人力资本变量、网络基础设施建设、环境规制水平、技术投入、经济密度均对环境全要素生产率的增长产生正向影响；交通基础设施建设水平、财政支出比重、产业结构、外商直接投资变量对环境全要素生产率产生了负向影响。

第8章 结论与政策建议

8.1 主要研究结论

转变经济发展方式是我国经济实现可持续发展的必然，也已经成为共识。在节能减排下，其主要的内涵之一就是经济发展的动力由投资驱动转变为全要素生产率的提高。把节能减排作为加快转变经济发展方式的重要着力点，则意味着存在节能减排对全要素生产率提高的机制，即节能减排对加快转变经济发展方式的倒逼机制。全要素生产率就成为连接节能减排与经济发展方式转变之间的桥梁（王兵，2013）。本书针对我国城市经济发展中的全要素生产率进行研究，同时将城市发展过程中产生的污染纳入全要素生产率的分析框架。其研究结果便于认清中国城市经济增长中的环境代价，也利于正确评估中国城市经济增长状况，从而推动我国城市化进程健康、持续发展。本书采用数据包络分析法对我国285个地级市，分别从东部、中部、西部三大地区、八大区域等不同角度测算了不考虑环境因素以及考虑环境因素两种情形下的城市全要素生产率，并对影响因素进行了研究；同时，将城市进行分类，分析了不同类型城市全要素生产率的影响因素及其发展模式，最后提出促进不同类型城市全要素生产率提高的对策建议。本书的基本结论如下：

第一，采用2005—2014年的数据，利用Malmquist指数法对我国285个地级市的不考虑环境因素的全要素生产率进行测度，其中选择了劳动力和资本两个投入要素，以各个地级市"年末单位从业人员数"和"城镇私营和个体从业人员"两类数据加总表示劳动要素投入量，以资本存量作为资本投入要素。以各城市的实际GDP作为产出变量。研究结果表明：

2006—2014年，我国城市全要素生产率年均增速呈不断下降趋势。2006年最高，平均增长了9.24%，之后持续下降，2009年和2010年两个年份下降速度最快，分别下降了 2.25% 和 2.35%，到 2014 年全要素生产率仅增长了 1.67%。样本期间，全要素生产率年均增长 3.89%。从全要素生产率的分解来看，技术进步年均增长 1.31%，技术效率则年均增长了 6.3%，技术效率的贡献大于技术进步的贡献。而从各个年份的比较看，2006 年技术效率增长幅度较大，而自 2008 年以后技术进步基本都是大于技术效率的增长幅度的。我国八大区域全要素生产率年均增长率差异较大。年均增长排名前三位的地区分别是北部沿海地区（6.1%）、黄河中游地区（5.6%）、南部沿海地区（5.0%）；排名后三位的地区则分别是西北地区（2.1%）、西南地区（3.1%）、长江中游地区（3.5%）。东北地区、东部沿海地区和长江中游地区排名居中。整体而言，东部地区全要素生产率年均增长率大于中西部地区。从八大区域全要素生产率差异的变动趋势来看，各个区域之间全要素生产率增长差异逐渐缩小，变异系数由 2006 年的 0.034 逐渐下降为 2014 年的 0.024；而以极差表示的变异值则由 2006 年的 0.106 逐渐下降为 2014 年的 0.033。可以看出，各个区域之间全要素生产率之间的差异在逐渐缩小。不同区域内部各城市之间的全要素生产率差异演变趋势不同，从 2006 年和 2014 年的比较来看，北部沿海地区和东北地区出现了轻微扩大，而东部沿海地区、黄河中游地区、西南地区、长江中游地区、南部沿海地区和西北地区则逐渐缩小。

第二，利用 Malmquist-Luenberger 指数法对考虑环境因素的全要素生产率进行测算。主要基于三个层面，即从省级层面、城市层面、流域层面对我国 30 个省份、285 个地级市、长江流域 24 个城市环境约束下的全要素生产率进行了测算，并与不考虑环境因素的测算结果进行了对比分析，最后对两种情形下各地区的全要素生产率分布动态进行了分析。

（1）省级层面的环境全要素生产率测算及比较。研究结果表明，我国各地区全要素生产率不断增长。2001—2014 年，环境约束下的各地区全要素生产率年均增幅为 2.6%，其中，技术进步年均提升 4.1%，而技术效率则出现恶化，年均下降 1.4%，说明技术进步是影响中国各地区全要素生产率增长的主要因素。从时间趋势来看，中国各地区全要素生产率增长速度逐渐下降。2001—2007 年，环境约束下的中国全要素生产率从年均增长 8.2% 逐渐下降到 2.4%，并且从 2008 年开始，全要素生产率明显下降，2008 年 TFP 下降 1.2%，2009 年下降 2.8%，2010 年下降 3.1%，2011 年下降 1%，2014 年增长 2.8%。从其分解来看，全要素生产率增速下降，其主要原因是技术进步增速下降。从区域差异来看，中国各地区全要素生产率年均增速差异较大。东部地区最高、中部次之、西部地区最低。从对考虑环境因素和不考虑环境因素两种情形下的

TFP 比较结果来看，当考虑环境因素时，中国全要素生产率出现下降，说明传统方法所测算的中国 TFP 值被高估。从东部、中部和西部三大地区比较看，考虑环境因素时东部地区 TFP 年均增长率高于不考虑环境因素时的 TFP 值，而中西部地区的全要素生产率则因为考虑环境因素而出现了下降，尤其是西部地区，年均增长率均值由 2% 下降到 0.3%，说明东部地区出现"环境与经济发展双赢"局面。

（2）城市层面环境全要素生产率测算及比较。采用 2006—2012 年 285 个地级市数据，并以资本存量、劳动力作为投入指标，以地区生产总值和工业二氧化硫为产出指标，采用 ML 指数对各城市的环境全要素生产率进行测算。研究结果表明，城市环境全要素生产率呈现下降趋势。这一走势和主要地级市不考虑环境因素时的全要素生产率是基本一致的。从环境全要素生产率的分解情况看，技术进步是环境全要素生产率增长的主要贡献者。从八大区域环境全要素生产率年均增长率排名来看，最高的是北部沿海地区，年均增长率为 4.5%；其他为东部沿海地区（4.41%）、东北地区（3.98%）、南部沿海地区（3.80%）、西南地区（3.64%）、长江中游地区（3.44%）、黄河中游地区（2.85%）、西北地区（1.24%）。从各城市环境全要素生产率比较来看，各城市环境全要素生产率年均增长率差异巨大，排名前十位的城市依次是：深圳市（14.8%）、上海市（14.5%）、鄂尔多斯市（12.5%）、金昌市（12.0%）、长沙市（11.4%）、佛山市（11.4%）、资阳市（11.0%）、三亚市（10.7%）、北京市（9.9%）、成都市（9.6%）。285 个地级市中有 13 个城市出现了年均增长率为负的情况，这 13 个地级市分别为：平凉市（-12.4%）、海口市（-4.1%）、亳州市（-2.3%）、揭阳市（-2.2%）、梅州市（-2.0%）、伊春市（-1.6%）、邯郸市（-1.5%）、平顶山市（-1.4%）、宁德市（-1.3%）、佳木斯市（-0.4%）、吴忠市（-0.2%）、惠州市（-0.2%）、汕尾市（-0.1%）。不考虑环境因素时，285 个地级市 2006—2012 年全要素生产率年均增长 4.8%，而当考虑环境因素时，年均增幅仅为 3.5%，下降了 1.3 个百分点，说明传统全要素生产率测算结果被高估。整体来看，两种情形下的全要素生产率都是不断下降的。

（3）长江流域主要城市环境全要素生产率测算及比较。对长江流域 24 个主要地级市全要素生产率进行了测算。研究结果表明，当考虑非期望产出时，只有上海市始终处于生产前沿面；技术无效率是长江流域主要城市的普遍现象；各城市之间投入产出效率差异大且不稳定；各城市变异系数值由 2003 年的 0.322 下降为 2012 年的 0.307，说明环境约束下的各城市技术效率值虽然差异较大，但这种差异在逐渐缩小；分区段来看，长江上、中、下游城市技术效率呈现从低到高的阶梯式分布。从长江流域城市全要素生产率随时间的演变趋势来看，全要素生产率增长率从2003年开始整体为下降趋势，金融危机之后又开始不断提升；当考虑环境因素时，长江流域城市全要素生产率出现明显下降趋势，说明不考虑环境因素的TFP被高估；长江流域城市全要素生产率不断增长，技术进步是其增长的主要源泉。从长江流域各城市全要素生产率之间的差异来看，多数城市在技术进步快速提高的同时，技术效率明显恶化，进一步说明了技术效率恶化是阻碍长江流域城市绿色全要素生产率提高的主要原因；环境约束下的城市全要素生产率增长差异大，只有鄂州、南京和岳阳3个城市出现了全要素生产率的倒退，其他城市全要素生产率都不断增长；两种情形下长江上游城市全要素生产率都明显高于中下游城市，但当考虑环境因素时，长江上游、中游城市TFP增长幅度分别降低了1.0%和0.7%，说明这两个区段的城市在经济快速发展的同时，也产生了大量的污染；进一步的分解结果说明，忽略环境因素时技术效率改善值被明显高估，而技术进步对全要素生产率的贡献则被低估。

（4）全要素生产率分布的动态演进。不考虑环境因素时，2001年全要素生产率呈现明显的"双峰"分布状态，表明该时期各地区全要素生产率呈现明显的双极分化现象，即高低两个"俱乐部"。而2003年之后，则一直呈单峰分布状态，表明各地区全要素生产率向单一均衡点收敛。从左右拖尾来看，趋势也较为明显，左拖尾不断延长；右拖尾也存在向右延展趋势，但整体变动较小。左右拖尾的延伸表明了各地区全要素生产率差异的扩大趋势。考虑环境因素时，从不同年份的分布来看，每个年份都呈现一个主峰、多个小峰的状态，表明全要素生产率虽然呈现多极分化现象，但整体向主要的均衡点收敛。进一步根据密度分布图的移动和跨度来看，主峰则逐渐向左移动，表明多数地区环境全要素生产率年均增幅逐渐降低。从右拖尾看，变动相对较大，而左拖尾的变动趋势较为明显，整体是不断向左移动的，表明环境约束下的全要素生产率差距逐渐扩大，进一步验证了其变异系数的计算结果。这与两种情形下对不同城市全要素生产率的测算结果也是相互支持的。

第三，以环境约束下的城市全要素生产率为因变量，以人力资本、基础设施、外商直接投资、产业结构、财政支出比重、技术投入、经济密度、环境规制水平为自变量，采用面板数据进行回归分析，并对不同地区全要素生产率的影响因素进行了对比分析。研究结论表明，除环境规制水平变量在10%显著水平上通过检验外，其他所有变量均在1%显著水平上通过检验。其中，人力资本、城市人均道路面积、互联网用户数、财政支出比重、环境规制水平、技术投入、经济密度 7 个变量均对环境全要素生产率的变动产生了显著的正向影响，与我们的预期是一致的。而产业结构和外商直接投资两个变量则对环境全要素生产率的变动产生了显著的负向影响。从东部、中部、西部三大区域对环境全要素生产率影响因素的对比分析来看，东部地区城市所有变量均通过 10% 显著水平的检验，同时，外商直接投资和产业结构两个变量对环境全要素生产率产生了显著的负向影响；中部地区人力资本、道路基础设施建设水平和产业结构三个变量均未通过显著检验；同东部城市、中部城市不同，西部地区城市人均道路面积表示的基础设施变量和外商直接投资变量均对环境全要素生产率产生正向影响，但两个变量都未通过显著性检验。

第四，不同类型城市全要素生产率的影响因素与发展模式。从城市规模、经济水平、产业结构、环境规制水平、经济密度五个方面通过聚类分析对城市进行分类研究，并进一步分析不同类型城市环境全要素生产率的影响因素。

（1）首先通过聚类分析将 285 个地级市分为了 8 类城市。第 7 类和第 8 类分别仅有 1 个城市，其中，第 7 类城市具有总人口量少、二产比重相对较低、经济密度高、环境规制水平高的特征，根据原始数据，该城市为深圳市。第 8 类城市具有人口规模小、经济密度小、二产比重高、环境规制水平高及经济发达的特征，同样根据原始数据可发现，该城市为内蒙古的鄂尔多斯市。第 1 类城市包含 26 个城市，第 2 类城市包含 126 个城市，第 3 类城市包含 76 个城市，第 4 类城市包含 45 个城市，第 5 类城市和第 6 类城市分别仅有 5 个城市。采用累积的环境全要素生产率作为因变量，人力资本、基础设施、外商直接投资、产业结构、财政支出比重、技术投入、经济密度、环境规制水平等 8 个变量作为自变量进行面板数据回归分析。实证结果表明，人力资本变量对多数类型城市环境全要素生产率的增长都起到了显著的正向影响，对第 5 类城市影响虽然未通过显著性检验，但从影响方向来看，仍然为正向影响。以人均城市道路面积表示的基础设施建设指标对所有类型城市环境全要素生产率的影响都未通过显著检验。而以每万人互联网用户数比重表示的通信基础设施建设水平指标对第 1 类、第 2 类、第 4 类、第 6 类城市的环境全要素生产率都产生了显著的正向影响。外商直接投资对第 1 类、第 2 类、第 3 类、第 5 类这 4 种类型城市的环境全要素生产率产生了负向影响。产业结构变量对6 种类型城市的环境全要素生产率均产生了显著的负向影响。财政支出比重对第 1 类、第 2 类、第 3 类、第 4 类这 4 种类型城市的环境全要素生产率产生了显著的正向影响。以 R&D 经费占财政支出比重表示的各城市技术投入水平指标对 6 种类型城市的环境全要素生产率提升均产生了 1% 显著水平下的正向影响。以地区生产总值与国土面积之比表示的经济密度指标对所有类型城市都产生了正向影响，其中，对第 1 类、第 2 类、第 3 类、第 4 类、第 5 类这 5 种类型城市的环境全要素生产率产生显著的影响。以 SO_2 去除率表示的政府环境规制水平对所有类型城市环境全要素生产率均产生了显著的正向影响。

（2）其次对不同类型城市的影响因素与发展模式进行分析，第 1 类城市应进一步优化产业结构，将第二产业占主导转变为以第三产业为主导，同时，工业发展走"高、新、精"的新模式。第 2 类城市须进一步通过要素聚集、产业聚集实现经济的快速发展，同时由于其规模相对较大，可充分利用劳动力优势，优先发展劳动密集型产业。第 3 类城市发展经济是第一要务，根据其自身特点，加快传统工业改造和转型升级是其发展中面临的重要课题，通过新型工业化道路的实施，实现要素和产业聚集，从而实现经济效率的提高和经济的快速发展。第 4 类城市为实现可持续发展，必须提高环境规制水平；降低二产比重、提高服务业比重，实现产业结构的优化；同时，依托原有工业基础，提高高技术产业的比重，促进低碳制造产业的升级发展。低碳工业发展模式是该类型城市发展的首选。第 5 类城市基本实现了环境与经济的友好协调发展。第 6 类城市必须改变原有发展模式，对原有的资源型产品进行深加工，使产业链不断延伸；同时，加强环境规制，从原有粗放型工业发展模式向循环工业、绿色工业、低碳工业发展模式转变，走新型工业化道路。

第五，对城市环境全要素生产率的空间计量分析。在城市经济发展过程中，邻近城市的技术进步、产业结构、污染排放等都可能会对本城市产生重要影响，因此，对城市环境全要素生产率的研究，不应该忽略这种可能存在的空间效应。本部分以长江中游城市群为例，对环境约束下全要素生产率的影响因素进行了分析。研究结果表明，长江中游城市群环境全要素生产率的空间相关性检验结果并不显著，即环境全要素生产率与邻近城市的生产率不存在显著的相关性。但是，由于城市之间的生产率相关性可能仅仅存在于部分城市之间，或者正负相关相互抵消掉从而在统计上无法反映出来，因而，Moran 散点图进一步分析了各城市间的空间相关性。结果显示，长江中游各城市之间环境全要素生产率存在局部相关性。通过构建空间自回归模型，运用 MATLAB 空间计量软件包采用极大似然法进行估计。结果表明，长江中游城市群环境全要素生产率存在显著的正向空间依赖关系。从空间自回归模型结果来看，周边临近的城市环境全要素生产率每提高 1 个百分点，该城市的环境全要素生产率则提高 0.501 个百分点，相邻城市环境全要素生产率水平的提高有利于本城市环境绩效的改善。人力资本变量、网络基础设施建设、环境规制水平、技术投入、经济密度均对环境全要素生产率的增长产生正向影响；交通基础设施建设水平、财政支出比重、产业结构、外商直接投资变量对环境全要素生产率产生了负向影响。

8.2　城市环境全要素生产率提升的路径选择

在城市的可持续发展中，环境和资源既是城市发展的内生变量，也是城市发展规模和速度的刚性约束。与发达国家现代化进程一样，我国快速的城市化进程同样具有高能源消费、高污染排放的特征。高能耗伴随着的是废气、废水、废渣的排放，使环境污染带来的问题日益突出。尽管近些年来，我国对环境污染的重视程度不断提高，但我国城市的生态环境（大气环境、水环境、固体废弃物环境、社区环境和居室环境）目前仍然处于局部改善、整体恶化的状态。快速的城市化进程使许多城市出现了热岛效应、温室效应、污染效应和拥挤效应，城市生态系统已经到了不堪重负的地步。曾在发达国家出现的"大城市病"，目前开始集中显现，影响着中国城市化的健康发展。

全要素生产率的提高通常有两种途径，一是通过技术进步来实现生产效率的提高，二是打破原有生产要素配置状态，通过生产要素的重新组合、优化配置实现生产效率的提高，主要表现为在生产要素投入之外，通过研发投入、技术创新、制度改善与管理水平的提高等无形要素推动经济增长的作用（蔡昉，2015）。从宏观层面看，就是在既定的生产技术条件下，将更多的生产要素配置到效率更高的产业或企业，通过资源重新优化配置，从而让既定技术水平和投入下的产出得到提升。比如通过户籍制度改革，促使剩余劳动力从生产率较低的农业部门转向生产率较高的非农部门，就可以提高全要素生产率。而基于微观层面看，企业通过研发投入或技术引进实现了技术或工艺水平的提高，开发出新的产品、新的市场，或管理的改善、管理制度的变革提高了企业人员的工作效率，这些都可以实现全要素生产率的不断提高。

对于城市全要素生产率的提高，其途径也主要是技术的进步与资源配置效率的改善。但由于城市类型不同，其环境全要素生产率的影响因素也存在一定的差异，因此，不同类型城市应结合自身特点，明确定位，找准方向，从而促进环境全要素生产率的有效提升。

结合前面章节对我国城市环境全要素生产率的测算、影响因素的实证研究结果，以及对城市类型的划分，在本部分的研究中，提出促进我国城市环境全要素生产率不断提升的对策建议。

1. 通过提高人力资本质量实现城市全要素生产率的提高

在工业化中后期，人力资本相比较于"物力"资本将有着更大的创新性、创造性，对于全要素生产率提高和经济增长具有更大的推动作用。根据新增长理论，一个国家经济的长期可持续增长依赖于其技术进步，即全要素生产率的提高；而人力资本则是知识和技术进步的重要载体，其水平直接决定着一国全要素生产率的水平。Benhabib 和 Spiegel（1994，2004）的研究表明，人力资本对全要素生产率水平的决定作用主要有直接和间接两条途径。一条途径是人力资本水平直接影响着一个国家的技术创新能力，而技术创新能力又直接影响着全要素生产率水平；另一条途径则是人力资本水平的高低会影响到对国际技术溢出的吸收能力，从而间接影响全要素生产率水平，即人力资本水平越高，越能够从国际技术溢出中获益。

从前面章节的实证研究结果看，人力资本对于不同类型城市环境全要素生产率的提高都起到了正向作用。因此，不管是哪种类型的城市，提高人力资本水平都是提升城市环境全要素生产率的重要途径。但当前，我国各城市都面临着人力资本改善速度放慢的事实。在我国人口老龄化、劳动年龄人口逐步减少的趋势下，为了防止因人力资本导致的全要素生产率增长减慢，各个城市需要加快推进教育体制改革，尤其是提高高等教育质量，提高人力资本转化成生产率的转化效率，从过去依赖增量改善总体教育水平转为通过培训、终身学习改善劳动力的存量。当前，地方院校正在加快推进应用型高校建设，地方政府理应抓住这一机遇，与地方院校合作，加快改革现有的人才培养方式，将高等教育体制改革与地方主导产业、支柱产业的发展有效结合，既为现阶段经济发展提供人才支撑，也为下一阶段产业升级储备人才。

2. 强化城市公共基础设施建设，促进城市环境全要素生产率的不断提升

传统线性增长模型下的研究结果一般认为基础设施的完善改善了投资环境，能够产生润滑剂的作用，减少了资源要素在流动时产生的摩擦力，从而有利于促进全要素生产率的提升。同时，新技术、新知识往往产生于空间中的某一个点，完善发达的交通基础设施建设有利于带动科技人员、产品向周边地区扩散，一方面带来知识溢出效应，另一方面也有利于市场的扩大，产生规模集聚效应，从而促进全要素生产率的提升。

不同基础设施对于城市环境全要素生产率的影响可能并不相同。由于可得数据的限制，本书仅以人均城市道路面积和每万人互联网用户数比重表示的通

信基础设施建设水平指标来衡量城市基础设施建设水平。根据实证结果，人均城市道路面积这一指标在对所有类型的城市环境全要素生产率回归检验中均未通过显著性检验，但从影响方向看，仍然产生了正向作用。通信基础设施建设水平除第 3 类和第 5 类城市外，均对城市环境全要素生产率产生了显著正向影响。分析认为，人均城市道路面积这一指标虽然能够在一定程度上反映一个城市的基础设施建设水平，但仅仅是其中一个方面，比如经济发展较差的城市，其人口较少，人均城市道路面积指标必然高；而越是经济密度高的城市，这一指标可能反而要低些，所以当依此指标作为解释变量时，在统计学意义上并不显著。通信基础设施建设水平和预期结果一致，表明在信息化时代，加强城市信息网络设施建设，有利于促进全要素生产率提高。

在我国快速的城市化进程中，类似于北京、上海、广州等一些一线大城市，由于产业集中、居住人口过度膨胀，出现了交通堵塞、环境污染、住房拥挤、人口超负荷等一系列问题，即"城市病"越来越严重。这一方面是经济发展过程中产生的"负"产出，另一方面也是公共基础设施建设跟不上城市化进程所致。因此，对于不同类型的城市，要根据自身城市化进程，合理规划、建设基础设施，促进环境全要素生产率的提升。

对于具有城市规模大、经济基础好等特点的一线大城市，随着城市化进程的加快，污染程度相对较高，这些城市的全要素生产率在考虑环境因素后，往往受到较大影响。对于该类型城市除了加强基础设施建设外，还要注意产业结构的调整和空间布局的重新规划，借鉴发达国家的经验，积极推动产业结构轻型化，并改变过去"单中心，摊大饼"的城市发展模式，而采取多中心、多组团式发展，在城市原有中心之外构建新的中心，并赋予不同中心不同的重点发展产业和功能，从而和原有的中心分开并形成互补，避免原有城市基础设施超负荷使用。

对于城市规模小、经济基础相对薄弱的中小城市，加强基础设施建设是这类城市提升全要素生产率的重要推动力之一。但由于自身经济基础差，而基础设施投资所需资金大、周期长的特点，该类城市必须加快基础设施投融资体制机制改革，提升政府投资资金的利用效率，并积极引导社会资本进入基础设施的投资领域，通过社会资本的高效率实现城市基础设施建设的提档升级。

3. 实行"斟酌使用"外商直接投资的策略，提升环境全要素生产率

在全球经济一体化背景下，资本跨国界流动规模越来越大，外商直接投资是其中的重要形式之一。作为发展中国家，中国自改革开放之初就采取了一系列优惠政策，吸引的外商直接投资总额也居世界前列，这也是我国经济能够长

期快速发展的重要原因之一。关于外商直接投资对于我国全要素生产率的影响，国内已有许多学者进行了研究，多数学者的研究结果是一致的，认为外商直接投资促进了全要素生产率的提高。其途径主要是外商直接投资会对所在行业或者相关行业企业产生技术溢出，且通过学习效应以及人才流动等，提升东道国的管理水平、人力资本水平等。但关于外商直接投资对于环境全要素生产率影响的研究，国内学者基于不同时间、不同样本的研究结论并不一致。主要有两种观点：一种观点是外商直接投资对于环境全要素生产率产生负向影响，即对不考虑环境因素的全要素生产率产生正向影响，但当考虑环境因素时，则产生负向影响；另一种基于区域的研究则认为，外商直接投资对环境全要素生产率的影响因区域差异而不同。本书的研究表明，外商直接投资对我国大多数城市环境全要素生产率而言具有阻碍作用，即对城市环境全要素生产率的提高产生显著的负向影响。而对于工业比重高且环境规制水平低的城市而言，外商直接投资对全要素生产率的正向溢出效应大于其污染所导致的负向效应。因此，对于外商直接投资，不同类型城市在使用时，应采取斟酌使用的原则，对于规模大、经济发展水平高、工业化比重高的城市，在使用外商直接投资时，必须加以筛选，从注重外商直接投资的数量转为更加注重其质量。而对于经济发展水平相对较低、工业比重低的城市，虽然其引进外资时，可以比发达城市的要求适当降低，但也不能一味追求数量，而应当根据其对支柱产业的选择及规划，制定有条件的外资引进策略，并加强对外商直接投资企业的环境成本评估，避免走"先污染、后治理"的工业老路。

4. 以产业结构的演进促进城市环境全要素生产率整体提升

我国过去几十年经济的快速发展中，是以牺牲资源、生态环境、能源为代价换取的 GDP 增长，具有高投入、高污染、高产出的显著特征。在这一工业化快速发展时期，重型化是工业发展的主导。但这一发展模式，并不具备可持续性。从西方发达国家的发展历程看，产业结构的转型升级和经济增长方式的转变是发展的必然趋势。因此，在中国经济增速放缓，逐步深入"三期叠加"的背景下，城市发展更应抓住机遇，深化改革，实现产业结构的调整和优化。

对于规模较大、经济发展水平相对较好、环境规制水平和经济密度都较高的城市而言，必须在发展中不断调整产业结构，比如，随着城市规模及产业的不断发展，积极与二线城市对接，把制造业、重化工业逐步转移到相应城市，将更多的政策用以支持高端要素集聚，发展高端服务业、文化创意产业等。工业结构实现由从高能耗、高污染为特征的重化工业转向以具有高附加值为特征的高技术产业和服务业为主的产业结构，即实现由"重"到"轻"的转变。

而反之，对于规模较小、经济发展水平相对较落后、环境规制水平和经济密度都较低的城市来说，要彻底改变传统的唯GDP思维，更注重经济增长的质量，积极推动产业优化与结构调整。这类城市需根据具体情况，合理规划城市未来发展的产业技术路线图，利用本轮产业结构整体调整的契机，既要积极吸引外来资本、承接发达城市的产业转移，更需根据产业定位及规划，对外来资本和转移产业加以筛选，重点引进具有一定技术含量、附加值、发展潜力的产业，实现产业结构的提档升级。

5. 强化研发投入力度，促进城市环境全要素生产率提升

科学技术的进步离不开研究与发展（R&D）经费的大量投入。已有的研究多数都表明研究与发展经费的投入能够带来很高的社会回报率，显著影响行业的技术进步，经费投入的降低则会导致全要素生产率的降低。本研究的实证结果同样证明了研究与发展经费的投入能够对不同类型城市的环境全要素生产率产生正向促进作用。

当前，国内研发投入主要是从发达国家引进技术，然后进行模仿、吸收再不断进行改进。即相当一部分研发投入是用于技术引进，而不是技术的原创性开发，用于基础研究的比例更低，这导致我国技术创新缺乏牢固的基础。从长远来看，不利于我国技术创新的可持续性发展。因此，不论是何种类型的城市，都应该坚持对研究与发展经费的投入，且应该增加对于基础研究的经费投入。其次，不仅要政府加大对本城市支柱产业新技术的研发投入，还要通过相关税费政策等鼓励这类行业的主要企业增加研发投入，使每个城市的支柱行业能够通过不断的技术创新强化其优势，最终实现从模仿到完全自主创新的转变，提高企业的全要素生产率以及城市环境全要素生产率。

6. 根据城市特点制定最优环境规制强度，促进环境全要素生产率的不断提高

环境规制是社会性规制的重要内容之一，是指由于厂商在生产过程中，其污染物排放具有外部不经济性，为实现环境保护和经济可持续协调发展的目标，政府通过制定相应的制度与措施对厂商等的生产活动进行管制与调节，主要包括工业废水、废气、废渣等的污染防控。多数观点认为，环境规制的实施，会迫使企业增加治污设备投资，且这些治污设备运行过程中也会耗费大量资金，在企业资源有限的情况下，就必然减少其他投资。环境规制的实质是将环境的外部成本内部化，即将原来由社会承担的环境成本转变为由产生污染的企业负担。环境规制的实施，必然提高了企业的生产成本，降低了企业的竞争力。但哈佛大学迈克尔·波特等学者也提出了不同的观点，即从短期看，环境

规制措施的确会增加企业成本，但如果从长远来看，适度的环境规制措施则会促使企业进行相应的技术创新活动，以便采用更新的技术提升生产效率。所以，环境规制作为一种外在并持续增加的压力，会成为督促企业并进行创新的动力之一，因此，环境规制从长远看会促进企业竞争力的提升。从本书的实证结果来看，政府环境规制水平对所有类型城市环境全要素生产率均产生了显著的正向影响。说明了地方政府加强环境规制，提高环境保护水平能够带来城市环境全要素生产率的提高。

当然，这并不是说，所有类型城市都应该实施更为严厉的环境规制措施，更不能理解为环境规制措施越高越好。环境规制措施能否带来产业技术进步和技术效率的提升，其关键不是是否实施环境规制措施，而是实施的环境规制强度是否与产业特性、产业发展阶段相适应。如果不考虑不同产业所独有的特性，也不考虑不同产业所处的发展阶段，一味实施严厉的环境规制措施或者所有产业统一的环境规制措施，这可能会对部分产业起不到应有的规制效果，也会导致另一些产业由于规制强度过大，超出企业现阶段所能承受的范围，从而导致相应的企业产品成本过高，利润降低，产品竞争力下降，甚至可能产生短期寻租行为，采取各种措施逃避监管。

因此，对于不同类型的城市，制定环境规制措施时，必须依据城市的发展特点，以及城市不同产业特性和发展阶段，出台不同的措施，以促进环境保护与全要素生产率的协调发展。对于以重污染产业为主的城市来说，在现有的环境规制强度基础上，应将减排的主要方向从对污染产业的规制转向督促企业加强环境技术的创新和应用，实现结构的不断调整，从根本上达到治污的目标。而对于污染严重、技术水平低且又不属于城市主导产业的相关企业，则要坚决予以关闭，进行重组提高资源配置效率。对于以中度、轻度污染产业为主的城市而言，虽然这些产业资源消耗少，环境污染相对较轻，但由于政府长期忽略这些产业的污染，没有采取相应的环境规制措施，所以也使这类产业难以产生改进治污技术、推动环境全要素生产率提高的动力。此外，促进城市环境全要素生产率增长，政府除了注意采取惩罚式的环境规制强度外，还需注意采取一些具有激励特征的措施，比如环境补贴、排污权交易等市场化的手段，从而多种措施和手段共同推进经济发展和环境效益的协同发展。

8.3　不足与未来研究

虽然本书从理论和实证两个层面对我国环境约束下的城市经济绩效问题进

行了探讨，但是仍有很多方面的工作需要进一步深入。

首先，由于宏观研究数据的统计限制，部分研究考察的时间段较短，难以形成纵向的、宏观的把握，短期的时间数据得出的结论可能难以支撑更加严格的考察。

其次，在研究方法方面。本书主要采用了非参数的数据包络分析法，没有用参数化的方法进行对比研究，更详尽的对比研究可能会使研究结论更具说服力。

再次，同样由于统计数据的限制，在环境全要素生产率测算时，对于污染产出指标，仅采用了二氧化硫，而无法采用更多其他污染产出指标，也可能使测算结果产生更大的误差。

最后，对于环境约束下城市全要素生产率影响因素的选择，具有一定的主观性，同时，仍然由于数据限制，使得更多的指标难以作为影响因素被纳入模型分析中。

当然，这些不足也构成了未来研究的方向。

参考文献

一、中文参考文献

［1］毕占天，王万山. 碳排放约束下我国省际能源效率的测算［J］. 统计与决策，2012（9）：93-96.

［2］白俊红. 人力资本、R&D 与生产率增长［J］. 山西财经大学学报，2011（12）：18-25.

［3］白洁. 对外直接投资的逆向技术溢出效应：对中国全要素生产率影响的经验检验［J］. 世界经济研究，2009（8）：65-69.

［4］陈英，李秉祥，谢兴龙. 全要素生产率、国际直接投资与经济增长的关联性研究［J］. 科技进步与对策，2011（12）：156-159.

［5］陈继勇，盛杨怿. 外商直接投资的知识溢出与中国区域经济增长［J］. 经济研究，2008（12）：39-49.

［6］陈静，李谷成，冯中朝，等. 油料作物主产区全要素生产率与技术效率的随机前沿生产函数分析［J］. 农业技术经济，2013（7）：85-93.

［7］陈丽珍，杨魁. 能耗、碳排放与江苏工业发展方式转型［J］. 江苏大学学报（社会科学版），2013（2）：59-62.

［8］陈柳. 中国制造业产业集聚与全要素生产率增长［J］. 山西财经大学学报，2010（12）：60-66.

［9］程中华，张立柱. 产业集聚与城市全要素生产率［J］. 中国科技论坛，2015（3）：112-118.

［10］曹泽，段宗志，吴昌宇. 中国区域 TFP 增长的 R&D 贡献测度与评价［J］. 中国人口资源与环境，2011（7）：146-152.

［11］柴志贤. 环境管制、产业转移与中国全要素生产率的增长［M］. 北

京：经济科学出版社，2014.

［12］长江水利委员会. 长江流域及西南诸河水资源公报［M］. 武汉：长江出版社，2011.

［13］蔡昉. 全要素生产率是新常态经济增长动力［N］. 北京日报，2015-11-23（17）.

［14］戴永安. 中国城市化效率及其影响因素：基于随机前沿生产函数的分析［J］. 数量经济技术经济研究，2010，27（12）：103-117.

［15］方福前，张艳丽. 中国农业全要素生产率的变化及其影响因素分析［J］. 经济理论与经济管理，2010（9）：5-12.

［16］冯榆霞. 中国省域环境规制与全要素生产率的实证分析［J］. 生态经济，2013（5）：66-70.

［17］郭萍，余康，黄玉. 中国农业全要素生产率地区差异的变动与分解［J］. 经济地理，2013（2）：141-145.

［18］宫俊涛，孙林岩，李刚. 中国制造业省际全要素生产率变动分析［J］. 数量经济技术经济研究. 2008（4）：97-110.

［19］管驰明，李春. 全要素生产率对上海市经济增长贡献的实证研究［J］. 华东经济管理，2013（10）：7-10.

［20］高秀丽，孟飞荣. 我国物流业全要素生产率及其影响因素分析［J］. 技术经济，2013（2）：51-58.

［21］高铁梅. 计量经济分析方法与建模［M］. 2版. 北京：清华大学出版社，2009.

［22］黄文正. 人力资本吸收与技术外溢对发展中国家技术进步的影响［J］. 社会科学家，2011（3）：127-130.

［23］黄志基，贺灿飞. 制造业创新投入与中国城市经济增长质量研究［J］. 中国软科学，2013（3）：89-100.

［24］黄先海，石东楠. 对外贸易对我国全要素生产率影响的测度与分析［J］. 世界经济研究，2005（1）：22-26.

［25］贺胜兵，周华蓉，刘友金. 环境约束下地区工业生产率增长的异质性研究［J］. 南方经济，2011（11）：28-41.

［26］何洁. 外国直接投资对中国工业部门外溢效应的进一步精确量化［J］. 世界经济，2000（12）：29-36.

［27］胡祖六. 关于中国引进外资的三大问题［J］. 国际经济评论，2004（2）：24-28.

［28］胡鞍钢，郑京海，高宇宁，等.考虑环境因素的中国省级技术效率排名（1999—2005）［J］.经济学（季刊），2008，7（3）：933-960.

［29］胡建辉，李博，冯春阳.城镇化、公共支出与中国环境全要素生产率［J］.经济科学，2016（1）：29-40.

［30］华萍.不同教育水平对全要素生产率增长的影响——来自中国省份的实证研究［J］.经济学季刊，2005，4（4）：147-166.

［31］金雪军，欧朝敏，李杨.全要素生产率、技术引进与R&D投入［J］.科学学研究，2006，24（5）：702-705.

［32］金怀玉，菅利荣.中国农业全要素生产率测算及影响因素分析［J］.西北农林科技大学学报（社会科学版），2013（2）：29-36.

［33］江玲玲，孟令杰.我国工业行业全要素生产率变动分析［J］.技术经济，2011（8）：100-105.

［34］匡远凤，彭代彦.中国环境生产效率与环境全要素生产率分析［J］.经济研究，2012（7）：62-74.

［35］柯孔林，冯宗宪.中国商业银行全要素生产率测度及其影响因素分析［J］.商业经济与管理，2008（9）：29-35.

［36］刘林.环境约束下浙江省全要素生产率差异性及收敛性分析［J］.改革与战略，2012（6）：101-104.

［37］李春米，毕超.环境规制下的西部地区工业全要素生产率变动分析［J］.西安交通大学学报（社会科学版），2012（1）：18-23.

［38］李小胜，安庆贤.环境管制成本与环境全要素生产率研究［J］.世界经济，2012（12）：23-40.

［39］李小胜，余芝雅，安庆贤.中国省际环境全要素生产率及其影响因素分析［J］.中国人口（资源与环境），2014（10）：17-23.

［40］李京文，钟学义.中国生产率分析前沿［M］.北京：社会科学文献出版社，2007.

［41］李小平，朱钟棣.国际贸易的技术溢出门槛效应［J］.统计研究，2004（10）：27-32.

［42］李小平，朱钟棣.国际贸易、R&D溢出和生产率的增长［J］.经济研究，2006（2）：31-43.

［43］李谷成，陈宁陆，闵锐.环境规制条件下中国农业全要素生产率增长与分解［J］.中国人口（资源与环境），2011（11）：153-160.

［44］李静，彭飞，毛德凤.研发投入对企业全要素生产率的溢出效应

[J]. 经济评论, 2013 (3): 77-86.

[45] 李静, 陈武. 中国工业的环境绩效与治理投资的规模报酬研究 [J]. 华东经济管理, 2013 (3): 44-50.

[46] 李宾. 国内研发阻碍了我国全要素生产率的提高吗? [J]. 科学学研究, 2010 (7): 1035-1042, 1059.

[47] 李梅. 人力资本、研发投入与对外直接投资的逆向技术溢出 [J]. 世界经济研究, 2010 (10): 69-75.

[48] 李希义. 我国商业银行业的全要素生产率测算和增长因素分析 [J]. 中央财经大学学报, 2013 (9): 19-25.

[49] 李胜文, 李大胜. 中国工业全要素生产率的波动: 1998—2005——基于细分行业的三投入随机前沿生产函数分析 [J]. 数量经济技术经济研究, 2008 (5): 43-54.

[50] 李小平, 朱钟棣. 中国工业行业的全要素生产率测算 [J]. 管理世界, 2005 (4): 56-64.

[51] 刘兴凯. 中国服务业全要素生产率阶段性及区域性变动特点分析 [J]. 当代财经, 2009 (12): 80-87.

[52] 刘勇. 中国工业全要素生产率的区域差异分析 [J]. 财经问题研究, 2010 (6): 43-47.

[53] 刘兴凯, 张诚. 中国服务业全要素生产率增长及其收敛分析 [J]. 数量经济技术经济研究, 2010 (3): 56-69.

[54] 刘智勇, 胡永远. 人力资本、要素边际生产率与地区差异 [J]. 中国人口科学, 2009 (3): 21-32.

[55] 刘智勇, 张玮. 创新型人力资本与技术进步: 理论与实证 [J]. 科技进步与对策, 2010 (1): 138-142.

[56] 刘渝琳, 陈天伍. 国内 R&D、对外开放技术外溢与地区全要素生产率差距 [J]. 科技管理研究, 2011 (2): 27-32.

[57] 刘建翠. R&D 对我国高技术产业全要素生产率影响的定量分析 [J]. 工业技术经济, 2007 (5): 51-54.

[58] 刘振兴, 葛小寒. 进口贸易 R&D 二次溢出、人力资本与区域生产率进步 [J]. 经济地理, 2011 (6): 915-920.

[59] 刘生龙, 胡鞍钢. 基础设施的外部性在中国的检验: 1988—2007 [J]. 经济研究, 2010, 45 (3): 4-15.

[60] 刘秉镰, 武鹏, 刘玉海. 交通基础设施与中国全要素生产率增长

[J]. 中国工业经济, 2010 (3): 54-64.

[61] 刘秉镰, 李清彬. 中国城市全要素生产率的动态实证分析: 1990—2006 [J]. 南开经济研究, 2009 (3): 139-152.

[62] 刘舜佳, 王耀中. 基础设施对县域经济全要素生产率影响的空间计量检验 [J]. 统计与信息论坛, 2013 (2): 54-60.

[63] 刘建国, 张文忠. 中国区域全要素生产率的空间溢出关联效应研究 [J]. 地理科学, 2014 (5): 522-530.

[64] 刘华军, 杨骞. 资源环境约束下中国 TFP 增长的空间差异和影响因素 [J]. 管理科学, 2014 (5): 133-144.

[65] 吕健. 市场化与中国金融业全要素生产率 [J]. 中国软科学, 2013 (2): 64-80.

[66] 吕宏芬, 刘斯敖. 我国制造业集聚变迁与全要素生产率增长研究 [J]. 浙江社会科学, 2012 (3): 22-32.

[67] 梁超. 制度变迁、人力资本积累与全要素生产率增长 [J]. 中央财经大学学报, 2012 (2): 58-65.

[68] 李玲. 中国工业绿色全要素生产率及影响因素研究 [D]. 广州: 暨南大学, 2012.

[69] 孟祺. 产业集聚与技术进步 [J]. 科技与经济, 2010 (1): 67-70.

[70] 马恒运, 王济民, 刘威, 等. 我国原料奶生产 TFP 增长方式与效率改进 [J]. 农业技术经济, 2011 (8): 18-25.

[71] 马恒运. 中国牛奶生产全要素生产率及科技政策研究 [M]. 北京: 中国农业出版社, 2011.

[72] 马越越. 低碳约束视角下中国物流产业全要素生产率研究 [M]. 北京: 中国社会科学出版社, 2016.

[73] 闵锐, 李谷成. 环境约束条件下的中国粮食全要素生产率增长与分解 [J]. 经济评论, 2012 (5): 34-42.

[74] 梅国平, 甘敬义, 朱清贞. 资源环境约束下我国全要素生产率研究 [J]. 当代财经, 2014 (7): 13-21.

[75] 彭国华. 我国地区全要素生产率与人力资本构成 [J]. 中国工业经济, 2007 (2): 52-59.

[76] 屈小娥, 席瑶. 资源环境双重规制下中国地区全要素生产率研究 [J]. 商业经济与管理, 2012 (5): 89-97.

[77] 屈展. 我国对外直接投资对国内全要素生产率的影响研究 [J]. 管

理学家（学术版），2011（6）：42-56.

［78］邱斌. FDI技术溢出渠道与中国制造业全要素生产率增长研究［M］. 南京：东南大学出版社，2009.

［79］潘丹，应瑞瑶. 资源环境约束下的中国农业全要素生产率增长研究［J］. 资源科学，2013（7）：1329-1338.

［80］彭旸，刘智勇，肖竞成. 对外开放、人力资本与区域技术进步［J］. 世界经济研究，2008（6）：24-29.

［81］任若恩. 中国全要素生产率的行业分析与国际比较——中国KLEMS项目［M］. 北京：科学出版社，2013.

［82］沈坤荣，李剑. 企业技术外溢的测度［J］. 经济研究，2009，44（4）：77-89.

［83］沈能. 中国制造业全要素生产率地区空间差异的实证研究［J］. 中国软科学，2006（6）：101-110.

［84］孙久文，年猛. 服务业全要素生产率测度及其省际差异［J］. 改革，2011（9）：33-38.

［85］孙旭. 人力资本约束下区域全要素生产率的增长差异研究［M］. 北京：科学出版社，2016.

［86］舒辉，周熙登，林晓伟. 物流产业集聚与全要素生产率增长［J］. 中央财经大学学报，2014（3）：98-105.

［87］石慧，吴方卫. 中国农业生产率地区差异的影响因素研究［J］. 世界经济文汇，2011（3）：59-73.

［88］石风光. 环境全要素生产率视角下的中国省际经济差距研究［M］. 北京：经济科学出版社，2014.

［89］司伟，王济民. 中国大豆生产全要素生产率及其变化［J］. 中国农村经济，2011（10）：16-25.

［90］汤二子，刘海洋，孔祥贞，等. 中国制造业企业研发投入与效果的经验研究［J］. 经济与管理，2012（8）：57-61，73.

［91］唐保庆. 国内R&D投入、国际R&D溢出与全要素生产率［J］. 世界经济研究，2009（9）：69-76.

［92］田伟，谭朵朵. 中国棉花TFP增长率的波动与地区差异分析［J］. 农业技术经济，2011（5）：110-118.

［93］田银华，贺胜兵，胡石其. 环境约束下地区全要素生产率增长的再估算1998—2008［J］. 中国工业经济，2011（1）：47-57.

[94] 陶长琪，杨海文．空间计量模型选择及其模拟分析［J］．统计研究，2014（8）：88-96.

[95] 王春法．FDI与内生技术能力培育［J］．国际经济评论，2004（2）：19-22.

[96] 王兵．环境约束下中国经济绩效研究［M］．北京：人民出版社，2013.

[97] 王兵，王丽．环境约束下中国区域工业技术效率与生产率及其影响因素实证研究［J］．南方经济，2010（11）：3-19.

[98] 王兵，吴延瑞，颜鹏飞．中国区域环境效率与环境全要素生产率增长［J］．经济研究，2010（5）：95-109.

[99] 王文静，刘彤，李盛基．人力资本对我国全要素生产率增长作用的空间计量研究［J］．经济与管理，2014（2）：22-28.

[100] 王德劲．人力资本、技术进步与经济增长：一个实证研究［J］．统计与信息论坛，2005（9）：62-66.

[101] 王英，刘思峰．国际技术外溢渠道的实证研究［J］．数量经济技术经济研究，2008（4）：153-160.

[102] 王珏，宋文飞，韩先锋．中国地区农业全要素生产率及其影响因素的空间计量分析［J］．中国农村经济，2010（8）：24-35.

[103] 王维薇．中间品进口、全要素生产率与出口的二元边际：基于中国制造业贸易的经验研究［M］．北京：经济科学出版社，2015.

[104] 王丽丽．开放视角下产业集聚与全要素生产率关系研究［M］．北京：经济日报出版社，2014.

[105] 魏丹，闵锐，王雅鹏．粮食生产率增长、技术进步、技术效率［J］．中国科技论坛，2010（8）：140-145.

[106] 魏峰，江永红．劳动力素质、全要素生产率与地区经济增长［J］．人口与经济，2013（4）：30-38.

[107] 魏下海．人力资本、空间溢出与省际全要素生产率增长［J］．财经研究，2010（12）：94-104.

[108] 吴建新，刘德学．人力资本、国内研发、技术外溢与技术进步［J］．世界经济文汇，2010（4）：89-102.

[109] 吴永林，陈钰．高技术产业对北京传统行业技术溢出的实证研究［J］．中国科技论坛，2010（3）：38-44.

[110] 吴丽丽，郑炎成，李谷成．碳排放约束下我国油菜全要素生产率增

长与分解 [J]. 农业现代化研究, 2013 (1): 77-81.

[111] 吴玉鸣, 李建霞. 基于地理加权回归模型的省域工业全要素生产率分析 [J]. 经济地理, 2006 (5): 748-752.

[112] 吴玉鸣, 李建霞. 中国区域工业全要素生产率的空间计量经济分析 [J]. 地理科学, 2006 (4): 385-391.

[113] 吴献金, 陈晓乐. 中国汽车产业全要素生产率及影响因素的实证分析 [J]. 财经问题研究, 2011 (3): 41-45.

[114] 万兴, 范金, 胡汉辉. 江苏制造业 TFP 增长、技术进步及效率变动分析 [J]. 系统管理学报, 2007 (10): 465-472.

[115] 万伦来, 唐鹏展, 杨灿. 淮河流域安徽段工业化影响因素的空间计量分析 [J]. 华东经济管理, 2013 (8): 21-25.

[116] 徐盈之, 赵玥. 中国信息服务业全要素生产率变动的区域差异与趋同分析 [J]. 数量经济技术经济研究. 2009 (10): 49-61.

[117] 许海平, 王岳龙. 我国城乡收入差距与全要素生产率 [J]. 金融研究, 2010 (10): 54-67.

[118] 薛建良, 李秉龙. 基于环境修正的中国农业全要素生产率度量 [J]. 中国人口 (资源与环境), 2011 (5): 113-118.

[119] 薛强. 中国乳制品业全要素生产率研究 [M]. 北京: 经济科学出版社, 2012.

[120] 谢申祥, 王孝松, 张宇. 对外直接投资、人力资本与我国技术水平的提升 [J]. 世界经济研究, 2009 (11): 69-105.

[121] 谢良, 黄健柏. 创新型人力资本、全要素生产率与经济增长分析 [J]. 科技进步与对策, 2009 (6): 153-157.

[122] 辛玉红, 李星星. 中国新能源上市公司全要素生产率动态变化实证研究 [J]. 华东经济管理, 2014 (2): 49-52.

[123] 夏良科. 人力资本与 R&D 如何影响全要素生产率 [J]. 数量经济技术经济研究, 2010 (4): 78-95.

[124] 徐现祥, 舒元. 基于对偶法的中国全要素生产率核算 [J]. 统计研究, 2009 (7): 78-86.

[125] 肖攀, 李连友, 唐李伟, 等. 中国城市环境全要素生产率及其影响因素分析 [J]. 管理学报, 2013 (11): 1681-1689.

[126] 岳书敬, 刘朝明. 人力资本与区域全要素生产率分析 [J]. 经济研究, 2006 (4): 90-97.

[127] 岳书敬，刘富华. 环境约束下的经济增长效率及其影响因素 [J]. 数量经济技术经济研究，2009（5）：94-106.

[128] 颜鹏飞，王兵. 技术效率、技术进步与生产率增长：基于 DEA 的实证分析 [J]. 经济研究，2004（12）：55-65.

[129] 颜敏，王维国. 分层次人力资本与全要素生产率基于分位数回归的解析 [J]. 数学的实践与认识，2011（3）：17-24.

[130] 叶灵莉，王志江. 进口贸易结构、人力资本与技术进步 [J]. 科研管理，2008（11）：82-88.

[131] 姚树荣. 论创新型人力资本 [J]. 财经科学，2001（5）：10-14.

[132] 易先忠，张亚斌. 技术差距与人力资本约束下的技术进步模式 [J]. 管理科学学报，2008（12）：51-60.

[133] 殷砚，廖翠萍，赵黛青. 对中国新型低碳技术扩散的实证研究与分析 [J]. 科技进步与对策，2010（23）：20-24.

[134] 杨剑波. R&D 创新对全要素生产率影响的计量分析 [J]. 经济经纬，2009（6）：13-16.

[135] 殷宝庆. 环境规制与我国制造业绿色全要素生产率 [J]. 中国人口（资源与环境），2012（12）：60-66.

[136] 杨鹏. 碳排放下制造业全要素生产率研究 [J]. 学术论坛，2011（11）：112-118.

[137] 杨文举，龙睿赟. 中国地区工业绿色全要素生产率增长 [J]. 上海经济研究，2012（7）：3-14.

[138] 杨勇. 中国服务业全要素生产率再测算 [J]. 世界经济，2008（10）：46-55.

[139] 杨向阳，徐翔. 中国服务业全要素生产率增长的实证分析 [J]. 经济学家，2006（3）：68-76.

[140] 杨荣. 中国与日本农业全要素生产率比较 [M]. 北京：社会科学文献出版社，2015.

[141] 姚洋，章奇. 中国工业企业技术效率分析 [J]. 经济研究，2001（10）：13-19.

[142] 姚仁伦. 地方财政支出与全要素生产率的变化 [J]. 理论月刊，2009（11）：75-77.

[143] 余思勤，蒋迪娜，卢剑超. 我国交通运输业全要素生产率变动分析 [J]. 同济大学学报（自然科学版），2004（6）：827-831.

[144] 严斌剑，范金，坂本博. 南京城镇全要素生产率演化及分解：1991—2005 [J]. 管理评论，2008（4）：45-52.

[145] 张海洋. R&D 两面性、外资活动与中国工业生产率增长 [J]. 经济研究，2005（5）：107-117.

[146] 张宇. FDI 与中国全要素生产率的变动 [J]. 世界经济研究，2007（5）：14-19.

[147] 张玉鹏，王茜. 人力资本构成、生产率差距与全要素生产率 [J]. 经济理论与经济管理，2011（12）：37-36.

[148] 张建升. 环境约束下长江流域主要城市全要素生产率研究 [J]. 华东经济管理，2014（12）：59-63.

[149] 张涛，张若雪. 人力资本与技术采用：对珠三角技术进步缓慢的一个解释 [J]. 管理世界，2009（2）：75-82.

[150] 张戈，涂建军，华娟，等. 重庆市主要制造业全要素生产率动态比较分析 [J]. 西南师范大学学报（自然科学版），2012（12）：126-131.

[151] 张浩然，衣保中. 城市群空间结构特征与经济绩效 [J]. 经济评论，2012（1）：42-48.

[152] 张浩然，衣保中. 基础设施、空间溢出与区域全要素生产率 [J]. 经济学家，2012（2）：61-67.

[153] 张新红，庄家花. 海峡西岸经济区城市能源效率及其影响因素研究 [J]. 华侨大学学报（哲学社会科学版），2014（1）：52-60.

[154] 张保胜. 全要素生产率测算与技术的 σ 收敛效应 [J]. 科技管理研究，2014（13）：160-165.

[155] 张各兴. 中国电力工业：技术效率与全要素生产率研究 [M]. 北京：经济科学出版社，2014.

[156] 张钦，赵俊. 1990—2007 年中国矿产资源型城市全要素生产率的动态实证分析 [J]. 系统工程，2010（10）：75-83.

[157] 张军，吴桂英，张吉鹏. 中国省际物质资本存量估算：1952—2000 [J]. 经济研究，2004（10）：35-43.

[158] 张少华，蒋伟杰. 加工贸易提高了环境全要素生产率吗——基于 Luenberger 生产率指数的研究 [J]. 南方经济，2014（11）：1-24.

[159] 邹薇，代谦. 技术模仿、人力资本积累与经济赶超 [J]. 中国社会科学，2003（5）：26-40.

[160] 邹明. 我国对外直接投资对国内全要素生产率的影响 [J]. 北京工

业大学学报（社会科学版），2008（12）：30-35.

[161] 赵伟，古广东，何元庆. 外向 FDI 与中国技术进步：机理分析与尝试性实证 [J]. 管理世界，2006（7）：53-60.

[162] 赵伟，汪全立. 人力资本与技术溢出：基于进口传导机制的实证研究 [J]. 中国软科学，2006（4）：66-74.

[163] 赵伟，张萃. 中国制造业区域集聚与全要素生产率增长 [J]. 上海交通大学学报（哲学社会科学版），2008（5）：52-57.

[164] 赵文，程杰. 中国农业全要素生产率的重新考察 [J]. 中国农村经济，2011（10）：4-16.

[165] 赵立斌. FDI、异质型人力资本与经济增长——基于新加坡的数据分析 [J]. 经济经纬，2013（2）：67-71.

[166] 赵树宽，王晨奎，王嘉嘉. 中国电信业重组效率及 TFP 增长研究 [J]. 现代管理科学，2013（2）：23-26.

[167] 赵云，李雪梅. 基于全要素生产率的知识溢出空间效应分析 [J]. 统计与信息论坛，2015（1）：83-89.

[168] 钟惠波，许培源. 中国经济 TFP 增长的影响因素 [J]. 北京理工大学学报（社会科学版），2011（12）：1-8.

[169] 周彩云. 中国区域经济增长的全要素生产率变化研究 [D]. 兰州：兰州大学，2010.

[170] 周游. 我国 OFDI 对国内全要素生产率影响的理论与实证分析 [J]. 科技与管理，2009（3）：46-49.

[171] 周少林，饶和平，张兰. 长江流域分行政区入河污染物总量监督管理探析 [J]. 人民长江，2013（12）：1-5.

[172] 郑云. 中国农业全要素生产率变动、区域差异及其影响因素分析 [J]. 经济经纬，2011（2）：55-59.

[173] 郑云. 中国服务业全要素生产率的变动及其收敛性 [J]. 学术交流，2010（3）：85-88.

[174] 郑丽琳，朱启贵. 纳入能源环境因素的中国全要素生产率再估算 [J]. 统计研究，2013（7）：9-17.

[175] 曾淑婉. 财政支出对全要素生产率的空间溢出效应研究 [J]. 财经理论与实践，2013（1）：72-76.

[176] 郑循刚. 区域农业生产技术效率及其对全要素生产率贡献研究 [M]. 北京：中国农业出版社，2011.

［177］章韬，王桂新. 集聚密度与城市全要素生产率差异［J］. 国际商务研究，2012（11）：45-54.

［178］朱鸿伟，杨旭琛. 财政支出、技术选择与经济绩效［J］. 产经评论，2013（6）：88-96.

二、英文参考文献

［1］A B KRUEGER, M LINDAHL. Education and growth: why and for whom［J］. Journal of Economic Literature, 2001, 39（4）: 1101-1136.

［2］AIYAR S, FEYRER J. A contribution to the empirics of Total Factor Productivity［R］. Dartmouth College Working Paper, 2002.

［3］AIGNER D J, LOVELL C A K, SCHMIDT P. Formulation and estimation of stochastic frontiers production function models［J］. Journal of Econometrics, 1977, 1（6）: 21-37.

［4］BANKERR D, CHARNES A, COOPER W W. Some models for estimating technical and scale in inefficiencies in Data Envelopment Analysis［J］. Management Science, 1984, 9（30）: 1078-1092.

［5］BORRO R J. Economic growth in across section of countries［J］. Quarterly Journal of Economics, 1991, 106（2）: 407-443.

［6］BORENSZTEIN E, J D GREGORIO, J W LEE. How does foreign direct investment affect economic growth?［J］. Journal of International Economics, 1998, 45（1）: 115-135.

［7］BITZER J, KEREKES M. Does foreign direct investment transfer technology across borders? New evidence［J］. Economics Letters, 2008, 100（3）: 355-358.

［8］BILS M, KLENOW P. Does schooling cause growth?［J］. American Economic Review, 2000, 90（5）: 1160-1183.

［9］BERNARD A, JONES C L. Comparing applies to oranges: productivity convergence and measurement across industries and countries［J］. American Economic Review, 2001, 86（5）: 1216-1238.

［10］BENHABIB J, M SPIEGEL. The role of human capital in economic development: evidence from aggregate cross-country data［J］. Journal of Monetary Economics, 1994, 34 (2): 143-173.

[11] COE D T, E HELPMAN. International R&D spillover [J]. European Economic Review, 1995, 39 (5): 859-887.

[12] CAMERON G. Why did UK manufacturing productivity growth slow down in the 1970s and speed up in the 1980s? [J]. Economica, 1999, 70 (277): 121-41.

[13] CAMERON G, PROUDMAN J, REDDING S. Technological convergence, R&D, trade and productivity growth [J]. European Economic Review, 2005, 49 (3): 775-807.

[14] CAVES D W, CHRISTENSEN L R, DIEWERT W E. The economic theory of index numbers and the measurement of input and output, and productivity [J]. Econometrica, 1982, 50 (6): 1393-1494.

[15] CAVES D W, CHRISTENSEN L R, DIEWERT W E. Multilateral comparisons of output, input and productivity using superlative index numbers [J]. Economic Journal, 1982, 92 (365): 73-86.

[16] CICCONE A, HALL R E. Productivity and the density of economic activity [J]. American Economic Review, 1996, 86 (1): 54-70.

[17] CHAMBERS R G, R FARE, S GROSSKOPF. Productivity growth in APEC countries [J]. Pacific Economic Review, 1996, 1 (3): 181-190.

[18] CHANGC, LUH Y. Efficiency change and growth in productivity: the Asian growth experience [J]. Journal of Asian Economics, 1999, 10 (10): 551-570.

[19] CHARNESA, W W COOPER, E RHODES. Measuring the efficiency of decision making units [J]. European Journal of Operational Research, 1978, 2 (6): 429-444.

[20] CHUNGY H, R FARE, S GROSSKOPF. Productivity and undesirable outputs: a directional distance function approach [J]. Journal of Environmental Management, 1997, 51 (3): 229- 240.

[21] DEACONR T, NORMAN C S. Does the environmental kuznets curve describe how individual countries behave [J]. Land Economics, 2006, 82 (2): 291-315.

[22] DONG-HYUN OH. A metafrontier approach for measuring an environmentally sensitive productivity growth index [J]. Energy Economics, 2010, 32 (1):

146-157.

[23] DOLORES ANON HIGON . The impact of R&D spillovers on UK manu-facturing TFP: a dynamic panel approach [J]. Research Policy, 2007, 36 (6): 964-979.

[24] DOMAZLICKY B, WEBER W. Does environmental protection lead to slower productivity growth in the chemical industry [J]. Environmental and Resource Economics, 2004, 28 (3): 301-324.

[25] ENGELBRECHT H J. International R&D spillovers, human capital and productivity in OECD economies: an empirical investigation [J]. European Economic Review, 1997, 41 (8): 1479-1488.

[26] FARE R, GROSSKOPF S, NORRIS M, ZHANG Z Y. Productivity growth, technical progress, and efficiency change in industrialized countries [J]. American Economic Review, 1994, 84 (1): 66-83.

[27] FARE R, PRIMONT DAN. Multi-output production and duality: theory and applications [M]. Boston: Kluwer Academic Publishers, 1995.

[28] FARE R, GROSSKOPF S. Intertemporal production frontiers: with dy-namic DEA [M]. Boston: Kluwer Academic Publishers, 1996.

[29] FARE R, GROSSKOPF SHAWNA, PASURKA CARL. Accounting for air pollution emissions in measuring state manufacturing productivity growth [J]. Journal of Regional Science, 2001, 41 (3): 381-409.

[30] FARE R, GROSSKOPF S, MARGARITIS D. APEC and the Asian Eco-nomic Crisis: early signals from productivity trends [J]. Asian Economic Journal, 2001, 15 (3): 325-342.

[31] FARE R, GROSSKOPF S. New directions: efficiency and productivity [M]. Boston: Kluwer Academic Publishers, 2004.

[32] FARER, GROSSKOPF S, NOH DW, WEBER W. Characteristics of a polluting technology: theory and practice [J]. Journal of Econometrics, 2005, 126 (2): 469-492.

[33] FARE R, GROSSKOPF S, CARL A PASURKA. Environmental produc-tion functions and environmental directional distance functions [J]. Energy, 2007, 32: 1055-1066.

[34] GROSSMAN G, KRUEGER. Environmental impacts of a north American free trade agreement [R]. Cambridge MA: NBER Working Paper, 1991.

[35] GHOSH SUCHARITA, MASTROMARCO CAMILLA. Cross-border economic activities, human capital and efficiency: a stochastic frontier analysis for OECD countries [J]. World Economy, 2013 (6): 761-785.

[36] G GROSSMAN, E HELPMAN. Innovation and growth in the global economy [M]. Cambridge: Mit Press, 1991.

[37] GAVIN CAMERON. The Five Drivers: an empirical review [M]. London: Oxford University Press, 2005.

[38] GRILICHES ZVI. Productivity, R&D, and the data constraint [J]. The American Economic Review, 1994 (3): 1-23.

[39] GRIFFITH R, REDDING S, VAN REENEN J. Mapping the two faces of R&D: productivity growth in a panel of OECD industries [J]. The Review of Economics and Statistics, 2004, 86 (4): 883-895.

[40] HAILU A, VEEMAN T S. Environmentally sensitive productivity analysis of the Canadian pulp and paper industry, 1959-1994: an input distance function approach [J]. Journal of Environmental Economics and Management, 2000, 40 (3): 251-274.

[41] HAILU A, VEEMAN T S. Non-parametric productivity analysis with undesirable outputs: an application to the Canadian pulp and paper industry [J]. American Journal of Agricultural Economics, 2001, 83: 605-616.

[42] ISLAM N. Productivity dynamics in a large sample of countries: a panel study [J]. Review of Income and Wealth, 2003, 49 (2): 247-272.

[43] JAFFEA B, S PETERSON, P PORTNEY, et al. Environmental regulation and the competitiveness of U.S. manufacturing: what does the evidence tell us? [J]. Journal of Economic Literature, 1995, 33 (1): 132-163.

[44] JEON B M, SICKLES R C. The role of environmental factors in growth accounting [J]. Journal of Applied Econometrics, 2004, 19 (5): 567-591.

[45] JEFFERSON G H, RAWSKI T G, ZHANG Y F. Productivity growth and convergence across China's industrial economy [J]. Journal of Chinese Economic and Business Studies, 2008, 6 (2): 121-140.

[46] ZHANG JIANSHENG, TAN WEI. Study on the green total factor productivity in main cities of China [J]. Zbornik Radova Ekonomskog Fakulteta U Rijeci-Proceedings of Rijeka Faculty of Economics, 2016, 34 (1): 215-234.

[47] JAKOB B MADSEN. Technology spillover through trade and TFP conver-

gence: 135 years of evidence for the OECD countries [J]. Journal of International E-conomics, 2007, 72 (2): 464-480.

[48] KOKKO A. Technology, market characteristics and spillovers [J]. Journal of Development Economics, 1994, 43 (2): 279-293.

[49] KUMAR S. Environmentally sensitive productivity growth: a global analysis using Malmquist-Luenberger Index [J]. Ecological Economics, 2006, 56 (2): 280-293.

[50] KANDER A, L SCHON. The energy-capital relation—Sweden 1870-2000 [J]. Structural Change and Economic Dynamics, 2007, 18 (3): 291-305.

[51] KUMAR S, R RUSSELL. Technological change technological catch-up and capital deepening: relative contributions to growth and convergence [J]. American Economic Review, 2002, 92 (3): 527-548.

[52] KUMBHAKARS, LOVELL C. Stochastic Frontier Analysis [M]. New York: Cambridge University Press, 2000.

[53] KELLER W. Are international R&D spillovers trade related? Analyzing spillovers among randomly matched trade partners [J]. European Economic Reviews, 1998, 42 (8): 1469-1481.

[54] LEE J W, BORRO R J. International comparisons of educational attainment [J]. Journal of Monetary Economics, 1993, 32 (3): 363-394.

[55] LUCAS ROBERT E. Why doesn't capital flow from rich to poor countries? [J]. American Economic Review, 1990, 80 (2): 92-96.

[56] LESLEY POTTERS, RAQUEL ORTEGA-ARGILÉS, MARCO VIVA-RELLI. R&D and productivity: testing sectoral peculiarities using micro data [J]. Empirical Economics, 2011, 41 (3): 817-839.

[57] LALL P, FEATHERSTONE A M, NORMAN D W. Productivity growth in the Western hemisphere (1978-1994): the Caribbean in perspective [J]. Journal of Productivity Analysis, 2002, 17 (3): 213-231.

[58] LINDENBERGER D. Measuring the economic and ecological performance of OECD Countries [R]. EWI Working Paper, 2004.

[59] LUENBERGERD G. Benefit functions and duality [J]. Journal of Mathematical Economics, 1992, 21 (5): 461-481.

[60] MILLER S, UPADHYAY M. The effect of openness, trade orientation and human capital on total factor productivity [J]. Journal of Development econom-

ics, 2000, 63 (2): 399-423.

[61] MANKIW G N, ROMER D, WEIL D N. A contribution to the empirics of economic growth [J]. Quarterly Journal of Economics, 1992, 107 (2): 407-437.

[62] MARIOS ZACHARIADIS. R&D, innovation, and technological progress: a test of the Schumpeterian Framework without scale effects [J]. Canadian Journal of Economics, Canadian Economics Association, 2003, 36 (3): 566-586.

[63] MCVICARD. Spillovers and foreign direct investment in UK manufacturing [J]. Applied Economics Letters, 2002, 9 (5): 297-300.

[64] NELSON R, E PHELPS. Investment in humans, technological diffusion, and economic growth [J]. American Economic Review, 1966, 56 (2): 69-75.

[65] NANERE M, IAIN F, ALI Q, et al. Environmentally adjusted productivity measurement: an Australian case study [J]. Journal of Environmental Management, 2007, 85 (2): 350-362.

[66] PRITCHETT, LANT. Where has all the education gone [J]. World Bank Economic Review, 2001, 15 (3): 367-391.

[67] PITTMAN R W. Multilateral productivity comparisons with undesirable outputs [J]. Economic Journal, 1983, 93 (372): 883-891.

[68] PANAYOTOU T. Empirical tests and policy analysis of environmental degradation at different stages of economic development [R]. Working Paper WP238, Technology and Employment Programme, Geneva: International Labor Office, 1993.

[69] QUAH D. Twin Peaks: growth and convergence in models of distribution dynamics [J]. Economic Journal, 1996, 106 (437): 1045-1055.

[70] ROMER P. Human capital and growth: theory and evidence [J]. Carnegie-Rochester Conference Series on Public Policy, 1990, 32 (1): 251-286.

[71] ROMER P. Endogenous technological change [J]. Journal of Political Economy, 1990, 98 (5): 71-102.

[72] REPETTO R, D ROTHMAN, P FAETH, et al. Has environmental protection really reduced productivity growth? [J]. Challenge (January-February), 1997, 40 (1): 46-57.

[73] SHEPHARD R W. Theory of cost and production functions [M]. Princeton: Princeton University Press, 1970.

[74] SODERBOM M, TEAL F. Openness and human capital as sources of pro-

ductivity growth: an empirical investigation [R]. Working papers of Centre for the Study of African Economies Series, 2004.

[75] SEIFORD L, ZHU J. Modeling undesirable factors in efficiency evaluation [J]. European Journal of Operational Research, 2004, 152 (1): 242-245.

[76] SALA-I-MARTIN X X. The classical approach to convergence analysis [J]. Economic Journal, 1996, 106 (437): 1019-1036.

[77] SHESTALOVA V. Sequential Malmquist indices of productivity growth: an application to OECD industrial activities [J]. Journal of Productivity Analysis, 2003, 19 (2): 211-226.

[78] SCHULTZ T. Reflections on investment in man [J]. Journal of Political Economy, 1962, 70 (5): 1-8.

[79] SCHIFF M, Y WANG, M OLARREAGA. Trade related technology diffusion and the dynamics of North South and South South international [J]. World Bank Working Paper, 2002.

[80] SCHEEL H. Undesirable outputs in efficiency valuations [J]. European Journal of Operational Research, 2001, 132 (2): 400-410.

[81] VANDENBUSSCHE J, P AGHION, C MEGHIR. Growth, distance to frontier and composition of human capital [J]. Journal of Economic Growth, 2006, 11 (2): 97-127.

[82] VERSPAGEN BART. R&D and productivity: a broad cross-section cross-country look [J]. Journal of productivity analysis [J]. 1995, 6 (2): 117-135.

[83] WEBER W L, B DOMAZLICKY. Productivity growth and pollution in state manufacturing [J]. Review of Economics and Statistics, 2001, 83 (1): 195-199.

[84] YORUK B, ZAIM O. The Kuznets curve and the effect of international regulations on environmental efficiency [J]. Economics Bulletin, 2006, 17 (1): 1-7.

[85] YORUK B, ZAIM O. Productivity growth in OECD countries: a comparison with Malmquist Indice [J]. Journal of Comparative Economics, 2005, 33 (2): 401-442.

[86] YOUNG A. Gold into base metals: productivity growth in the People's Republic of China during the Reform Period [R]. NBRE working paper, 2000.